每天读点
博弈心理学

郑杰\编著

中国纺织出版社

内 容 提 要

日常生活中，人与人之间，自己与自己之间，无时无刻不存在着心理较量。我们说话办事，不仅要凭借自己的能力，还要有眼力、讲究策略。学习心理博弈学，能帮助我们随时掌握主导权。

这是一本关于心理博弈的指南，它帮你走出心理误区，发挥心理优势，使自己避免遭受挫折和损失。本书内容涉及职场、商场、婚姻生活等方面，是让你无往不利的制胜宝典。

图书在版编目（CIP）数据

每天读点博弈心理学／郑杰著.— 北京：中国纺织出版社，2017.12（2024.5重印）
ISBN978-7-5180-4090-2

Ⅰ.①每… Ⅱ.①郑… Ⅲ.①心理学-通俗读物 Ⅳ.①B84-49

中国版本图书馆CIP数据核字（2017）第231826号

责任编辑：闫　星　　特约编辑：李　杨　　责任印制：储志伟

中国纺织出版社出版发行
地址：北京市朝阳区百子湾东里A407号楼　邮政编码：100124
销售电话：010－67004422　传真：010－87155801
http：//www.c-textilep.com
E-mail：faxing@c-textilep.com
中国纺织出版社天猫旗舰店
官方微博http：//weibo.com/2119887771
北京一鑫印务有限责任公司印刷　各地新华书店经销
2017年12月第1版　2024年5月第4次印刷
开本：710×1000　1/16　印张：16.5
字数：240千字　定价：39.80元

前言

日常生活中，你是否有过这样的一些经历：社交场合，一些人似乎总是能左右逢源，三言两语之间就交到朋友；在商场购买物品时，导购员巧舌如簧，似乎总是知道你需要什么；你的某个同事或者朋友，不但能搞定上司、客户，甚至在恋爱中也如鱼得水，不但职场得意，情场也得意……

的确，现代社会最供不应求的，是那些“贴心的”、让别人觉得“了解我”“信任我”“接纳我”这种类型的人。因此，如果你认真地去了解别人的心意，非但大家抢着成为你的朋友、想和你谈恋爱、买你的商品，也会蜂拥而来寻找你。而这就涉及博弈心理学。

在谈博弈心理学之前，我们先要了解博弈。从表面上看，“博弈”这个词汇让人感觉高深莫测，其实通俗地说就是“游戏”的意思。不过我们不得不承认，博弈也是一种非常神奇的智慧。

经济学家萨缪尔森曾说：“现代社会，要做一个有能力的人，必须要对博弈有一定的了解。”博弈论（Game Theory）又称对策论，起源于20世纪初，最早是微观经济学的组成部分。从game一词中我们发现，博弈最早的意思是游戏，博弈论翻译成中文最贴切的含义也是“智力游戏”。

其实，人生就是一个博弈的过程，我们的每一次抉择都决定着未来人生的走势。而博弈心理学，是一种瞬间帮助我们掌控他人心理而选择正确策略的方法，运用这一方法，不但能让对方觉得“这个人真是了解我”，也能赢得对方的信任，更能帮助我们识破他人内心想法，帮助我们选择博弈策略，进而达成我们的目的。

的确，我们做任何一个正确的博弈策略的前提是从“心”出发。只有了解他人的内心，才能做到针对不同人的不同心理对症下药，成功地传递信息，达到我们的目的。因此，熟读博弈心理学能让你在工作、恋爱、交友、家庭关系上都随心所欲。

可能你会认为，博弈心理学是心理学家们的“专属工具”，其实不然，任何人都可以轻易使用它。本书正是用通俗易懂的语言，从实用的角度出发，教你在职场、商场和人际关系上，活用博弈策略。通过阅读本书，你就会发现，许多事，乃至许多难题，只要你懂得运用心理博弈策略，那么它都会迎刃而解，同时你自己也能从中收获意想不到的惊喜！

编著者

2017年1月

目录

第1章

推开博弈之门，你要了解的博弈常识

现代博弈论将博弈定义为两个人在对局中利用各自的策略来对抗对方的策略，以达到取胜的目的。而要想获得博弈的胜利，就要了解对手的策略，这就需要我们运用心理策略，于是就有了博弈心理学。事实上，人生就是永无休止的博弈，每个人都要学会用博弈的知识去生活，去与人相处，适应和利用周边环境中的规则。本章，我们先来学习一下博弈的基本常识。

你所不了解的博弈

在生活中，相信大部分人都听过博弈一词，那么什么是博弈呢？博弈本意是:下棋。最初，博弈论主要研究的是象棋、桥牌、赌博中的胜负问题。现代博弈论将博弈定义为两个人在对局中利用各自的策略来对抗对方的策略，以达到取胜的目的。

其实，博弈论思想古已有之。比如，我国古代的《孙子兵法》不仅仅是一部军事专著，阐述了种种战术和战略问题，更是一部最早的博弈论专著。

诺贝尔经济学奖获得者保罗·萨缪尔逊曾说："要想在现代社会做个有价值的人，你就必须对博弈论有个大致的了解。"现代社会，博弈早已渗透到人们生活和工作的各个方面，有人存在的地方就有博弈。在了解博弈这一概念的真正含义之前，我们不妨先来看看下面这一故事：

莱名牌大学有这样两位学生，他们一直是学校的优等生。在以往的考试中，他们都名列前茅，深得教授们的喜欢。转眼，期末考试又来了，但这一次他们不想复习，因为考试前一天晚上，他们最喜欢的某个明星演唱队要来这座城市，他们好不容易托人买到了票，所以他们赶去了。但是从演唱会回来已经是第二天早上了，而此时，他们已经赶不上考试了，正在发愁时，他们灵机一动，不如向教授撒个谎好了，就说他们早上坐公交车来学校的时候，公交车突然爆胎了，他们被堵在路上而无法参加期末考试。

他们是打电话告诉教授这件事情的，听完之后，教授思考了一会儿，

他知道，这件事可能是他们在说谎，那么，他们必须要为自己的不诚实行为付出代价，当然，也有可能他们说的是真的。那么，这两个学生是应该得到谅解并获得补考机会的。然而，到底怎样知道真实的情况呢?

这两名学生确实很聪明，但他们忘记了一点，教授是专攻博弈论的专家。教授很爽快地答应了学生的请求，并通知他们三天后来学校参加补考。这一天很快到了，他们如约来参加考试，教授将他们分别安排到两个教室，给他们发放了试卷。他们平时的基础知识学得不错，也有了三天的复习时间，因此，对于第一张试卷的题目，他们很快作答完了，尽管这部分只有十分，但他们依然心情舒畅。当他们翻开第二张试卷时愣住了，因为这个90分的题目居然只有几个大字："请问爆的是哪只轮胎？"

故事的结局当然是，这两个自作聪明的学生为自己的行为付出了代价，他们其中一个人的回答是左轮胎，另一个人的回答则是右轮胎，他们最终失去了这宝贵的90分。

这则故事来自于普林斯顿大学教授迪克西特的《策略思维》一书。这里，我们不得不叹服于教授的智慧。为了检测这两名学生说的是否是真话，他设了一个局：如果两名学生的回答是一致的，那么，证明他们没有撒谎；而如果他们说的是谎言，他们的答案也就不同，他们就应该为此受到惩罚。

这个小小的故事已经为我们展示了博弈的魅力，那么，到底什么是博弈呢?

博弈论（Game Theory）又称对策论。起源于20世纪初，最早是微观经济学的组成部分。从game一词中我们发现，博弈最早的意思是游戏，博弈论翻译成中文最贴切的含义也是"智力游戏"。

其实，博弈与游戏有很多共通之处，它们都有一定的规则约束，都有一定的参与者和一定的行动，游戏是从博弈中抽离出来的……

在很多人看来，博弈是一场高深莫测的活动，但其实也很好理解。那就是博弈的参与者在进行决策前，不但要从自身角度考虑，还要从对方角度考虑，考虑自己的行为对他人产生的影响，以此来选择最优计划，也就是说，要估计对方采取什么策略的基础上选择自己的恰当策略。

博弈论的谋略不仅在政治、军事、商场、外交等领域广泛运用，而且在日常生活中，人们也会不自觉地运用博弈的理论来以最小的代价获取最大的收益。

在日常生活中，人与人之间其实也充满着竞争和对抗，而每个人就如同棋手一样，我们所做出的每个行为，就如同做一张看不见的棋盘上布子，聪明的棋手们会揣摩彼此的心思，相互牵制，人人争赢，进而呈现出诸多精彩纷呈、变化多端的棋局。

《孙子兵法》曰：“凡战者，以正合，以奇胜。”“兵不厌诈。”所谓“奇”与“诈”也就是“诡计”。

在人生的弈局中，如果你不懂得一些博弈的策略思维，就难免中别人的“诡计”，掉入陷阱，一着不慎，满盘皆输。

总之，生活中的每个人都必须懂得博弈论的策略思维，这样才能及时识破他人的诡计，保护自身利益。如果你能在生活和工作的各个方面巧妙地运用博弈策略，那么成功也就在不远处向你招手了。

当博弈遇上心理学

前面一节，我们已经谈到什么是博弈，从其基本定义中，我们看到博弈其实是对阵双方的较量，如果要想在博弈中取胜，就要了解对方心中所想，所以真正深谙博弈之道的人都懂得将心理学运用其中。对此，我们不妨先了解在博弈论中的几大著名博弈理论。

1.囚徒困境

囚徒困境的出现，是因为人类自私的天性。生活中，虽然背叛并不一定会给我们带来最大的利益，但很多人依然选择背叛，这也是利益驱使所致。

从这一困境中，我们也可以得出启示，在与他人打交道的过程中，我们要想避免两难的境地，首先就要信任，能保证这一点的就是盟约。没有起码的信任，切不可贸然合作。再者，还要有诚意，如果没有诚意或者太过贪婪，就可能闹到双方都没有好处的糟糕境地。

另外，在选团队成员时，就像在激流中寻找同船人一样，你要找的是跟自己往同一个方向求生的人，也就是说，一定不能找会背后捅自己一刀的人。

当然，最重要的是与人合作，一定要保证交流的畅通，这才是避免囚徒困境最重要的因素。

2.纳什均衡

纳什均衡是指对于每个参与者来说，只要其他人不改变策略，他就无法改善自己的状况。纳什在证明了在每个参与者都只有有限种策略选择并允许混合策略的前提下，纳什平衡一定存在。

以两家公司的价格大战为例，纳什平衡意味着两败俱伤的可能：在对方不改变价格的条件下，既不能提价，否则会进一步丧失市场；也不能降价，因为会出现赔本甩卖。于是两家公司可以改变原先的利益格局，通过谈判寻求新的利益评估分摊方案，也就是纳什均衡。类似的推理当然也可以用到选举、群体之间的利益冲突、潜在战争爆发前的僵局、议会中的法案争执等中。

3.斗鸡博弈

斗鸡博弈所描述的是两个实力相当的人在相遇时如何在对抗冲突时使自己获得最大的利益，确保损失最小。这是一个势均力敌的局势。此时，对于双方来说，都有两种选择，前进或后退。如果对方退下来，而自己进攻，则对方失败；如果一方退下来，而对方没有退下来，对方获得胜利；

如果双方都退下来，双方则打个平手；如果双方都前进，那么则两败俱伤。因此在博弈中，对每只公鸡来说，最好的结果是对方退下来，而自己不退。然而，这又何其难?

4.智猪博弈

智猪博弈描述的是：在一个猪圈里有两头猪，这两头猪个头差距很大，一只体型肥壮，一只是幼猪。在猪圈的一头有个食槽，在另一头则是控制猪食的踏板，踩一下踏板就会有猪食进槽。我们将其定为十个单位，而踩一下踏板就会要付出两个单位的劳动。首先，我们假设大猪先踩踏板，而小猪选择等待在槽边，那么十个单位的食物，大小猪吃到的比例是9∶1；同时到槽边，收益比是7∶3；小猪先到槽边，收益比是6∶4。那么，两只猪各会采取什么策略？答案是：小猪将选择“搭便车”策略，也就是舒舒服服地等在食槽边；而大猪则为一点残羹不知疲倦地奔忙于踏板和食槽之间。

5.枪手博弈

“枪打出头鸟。”这句话并不是没有道理的，那些爱显摆、做人高调者往往是别人排挤的对象，而那些为人低调，懂得韬光养晦的人才会取得真正的成功。低调是立世的根基。低调做人，不仅可以保护自己，使自己与他人和谐相处，避免与人产生冲突，还能使自己暗中积蓄力量、悄然潜行，在不显山露水之中成就伟业。

6.重复博弈

囚徒困境中，两个囚犯是完全自私的，他们只会考虑到自己的利益，于是他们背叛了自己的同伴、选择了向警方坦白，但对于他们二人来说，这却不是最佳策略。然而，现实生活中，当人们也都在追逐利益时，结果却完全相反，这是为什么呢？因为囚徒困境中只是一次性博弈，而现实生活中，人们进行的却是重复博弈，无论是契约、道德还是法律都会使人们走向合作。

7.猎鹿博弈

棋逢对手的时候，人们总想要一决高下，很少人会考虑有皆大欢喜的双赢局面出现。所谓双赢，就是指博弈双方的期望值都能得到最大满足。以买东西为例，买方能在自己接受的最低价格内买到理想的商品，而卖方也可以以合理价格卖出产品。可以说，双赢既能保留双方输赢的结果，又保存了双方的颜面，任何一方也不会产生心理的不平衡感。可以说是利人利己，是博弈的最佳结局。

其实，一场博弈的过程简而化之就是，利用各种信息破获对方的心思，也就是要先吃透对手，然后权衡利弊智慧地出招，获得收益最大化。在这个过程中，我们要将心理学运用其中，更要从对方角度出发，思考对手会做什么决定，然后再考虑自己该做什么决定，然后让自己获得最大的成功。

生活中无处不在的心理博弈

生活中不少人认为，心理博弈是神秘的，但实际上它是一种实实在在的东西，是可探究的，甚至在我们的生活中，心理博弈是无处不在的。

《生活中的博弈论》的作者孙恩棣曾阐述，“博弈”一词说白了就是“游戏”的意思。说的更明白点，是游戏就有输有赢。博弈论也就是通过“玩游戏”来推而广之，进而获得人生竞争的知识理论。博弈论原意为游戏理论，这一理论涉及的“游戏”范围甚广：人际关系的互动、球赛或麻将的出招、股市和基金的投资等，都可以用博弈论巧妙地解释。

游戏中，以象棋为例，有这样几种角色：老将、相、士、车、马、炮和小卒子，这些角色产生互动，就像一支军队一样，当然真实的人际之间的竞争，比这个模型复杂多了，但这个模型可以映射出现实的生活。而且正因为其简略，那些纷繁复杂的表象背后的真理才更加明了。

要知道，人的天性中有争强好胜的部分，这就是为什么不少人总是痴迷于一些对抗性游戏或者赌局等。博弈就是一场心理游戏，那么游戏又是什么呢？

从某种意义上来说，游戏是对生活的抽象与概括，是一种简化的人生模型。心理博弈就是从对手的心理角度来分析并给出策略的游戏，从这里我们也就可以看出，生活中无处不存在心理博弈。

1.商场中的心理博弈

在商场中，参与竞争的每一方都希望自己能获胜，但同样他们都要面临输赢风险，想要在竞争激烈的商场中处于有利地位，就要学会分析商场中的竞争、懂得如何改变商场中参加博弈各方的附加价值，这样才能够使竞争优势的天平倾向自己一方。

2.人际交往中的心理博弈

在人际交往中，我们一定要本着为人利就是为己利的态度去做事情。在发生矛盾和冲突时，如果能从对方的利益出发，能从良好的愿望出发，便能使人际交往达到互利互惠的“正和博弈”状态。也就是说，在人际交往中，要达到效益最大化，就不能以自己的意志作为和别人交往的准则，而应该在取长补短、相互谅解中达成统一，达到双赢的效果。

3.婚姻中的心理博弈

婚姻中的夫妻就是博弈的对手。最常见的博弈莫过于夫妻吵架。夫妻双方可以采取的策略要么是妥协要么是强硬。而出现的博弈结果也会有四种：第一，夫妻双方都软弱；第二，夫妻双方都强硬；第三，妻子软弱，丈夫强硬；第四，妻子强硬，丈夫软弱。

根据婚恋专家的调查，在第一种情况下，夫妻双方的关系是最稳定、婚姻最和谐的。他们都不希望彼此因为吵架而难过，因此都会主动做出让步。第二种情况，容易导致夫妻双方矛盾加剧，甚至出现离婚的结局。另

外两种情况，我们在生活中能找到典型，不难发现，很多维系多年的婚姻中，多为一方强硬，一方软弱。出现矛盾时，软弱的一方会主动求和，向对方道歉，事后软弱的一方要么是蒙头大睡，要么是找其他人倾诉。

当然，除了以上三种情况，心理博弈运用的范围还有很多，比如职场、亲子教育、商务谈判、心理调节等，日常生活中的一切，我们都可以从心理博弈中得到解释，无论是国家与国家之间的贸易、人与人之间的交往，乃至一个人的生病，我们都能用博弈来解释，前两者我们很好理解，而对于第三者，也许你会感到好奇，一个人不是无法产生博弈吗？其实，不难理解，这里博弈的双方就是我们自身与病魔。

可以说，日常生活中的博弈事例往往数不胜数，人生更是永不停息的博弈过程。人与自然、人与他人、人与自己等，都无时不刻不在博弈中，如今的博弈，早已不再拘泥于经济学中那些晦涩难懂的数字和推理公式了，而是早已渗透到我们身边的生活中去，它是与生活紧密相连的，而我们每一个都可以成为博弈高手。

当然，做一个理性的博弈者，我们就必须要懂得一个道理：你不可能每次都是赢家，不可能每次都占得便宜，学会与人合作，才是双赢之策。

了解博弈的构成要素

在博弈理论方面，不少人将博弈论和经济学联系到一起，因为二者都与利益相关。的确，经济学产生的条件有两个，一个是人类欲望的无穷性，一个是资源的稀缺性，而博弈亦是如此。无论是经济学还是博弈，利益都是产生的基础，都是为了争取利益的最大化而展开的竞争。当然，参与博弈的双方形成相互竞争、相互对抗的关系，以争得利益的多少来决定胜

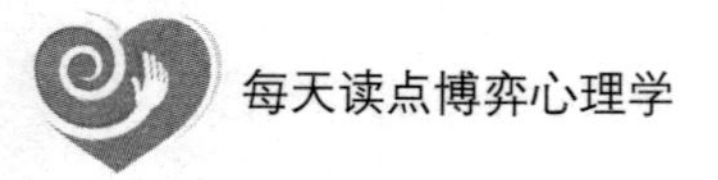

负，一定的外部条件又决定了竞争和对抗的具体形式，这就形成了博弈。

那么，在一场博弈中，有哪些构成要素呢？接下来，我们不妨举出一个日常生活最为简单的例子来结识一场博弈中出现的各个要素：

这天晚上，在吃过晚饭之后，夫妻俩像往常一样打开了电视机，黄金档的时间，一个频道会播放丈夫喜爱看的球赛，而另一个频道则会播放妻子爱看的韩剧，但是客厅里只有一台电视机，接下来，妻子和丈夫为了到底要看什么节目而吵了起来。这样，一场博弈就开始了。

我们来对这场博弈进行分析，看看其中出现的要素。

1.两个或两个以上的决策主体

在上面的场景中，博弈产生的前提是丈夫和妻子都在家，而假如他们其中一人不在家，就不会产生分歧，也就不存在博弈。

所以一场博弈中，必须要求有两个或两个以上独立承担决策后果，且以自身利益最大化来选择行动的决策主体。也就是说，如果只有一个人，他在毫无干扰的环境下作了决策，那么这是构不成博弈的。

我们都知道鲁滨逊漂流记的故事，在这个故事中，鲁滨逊住在一个荒岛上，他是一个独立的经济系统，就不存在博弈的问题。然而，后来星期五的加入，就使得鲁滨逊不再是独立的系统，他在做决策时，就会受星期五的影响，也就形成了博弈。

在一场竞赛或博弈中，每一个有决策权的参与者成为一个局中人。只有两个局中人的博弈现象称为“两人博弈”，而多于两个局中人的博弈称为“多人博弈”。

2.博弈要有参与各方争夺的资源或收益，一局结局时的结果成为得失

在上面的故事中，这台电视机并非资源，电视机的使用权也不是，而是某一段时间的使用权。事实上，这对夫妻，如果既没有看电视剧的爱好，也没有看球赛的爱好，那么哪一个频道都不会成为其资源。

同样，人们参与博弈，往往是被那些利益所吸引，预期将来所获得利

益的大小直接影响到博弈的吸引力和参与者的关注程度。

在结局时，博弈参与人的得失，不仅与其自身的决策有关，也与博弈中其他参与人的整组策略有关。当然，这里争夺的资源，并不单单指那些经济利益，还有可能是自然资源，比如矿山、石油、土地、水资源等，甚至包括各种社会资源，如人脉、信誉、学历、职位等。

在经济学中，有个著名的效用理论，可以用来解释这个问题：所谓资源，指的是我们需要的，不需要的无法构成资源。当然，需要与不需要，都是主观上的。

这个问题，也就解释了经济学上的效用理论。凡是自己主观需要的就是资源，相反主观不需要的对自己就不能构成资源。

3.参与者有自己能够选择的策略

一局博弈中，每个参与者都可以选择一个或者几个可行的行动方案，有些方案是某阶段的，有些是指导整个行动的，这些行动方案称之为博弈中参与者的策略，如局中人及其策略都是有限的，则称为“有限博弈”，否则称为“无限博弈”。

由此可见，博弈论中的策略是牵一发而动全身的，直接对整个局势造成重大影响。

4.参与者拥有一定量的信息

故事中，夫妻关于到底看什么频道的问题就会产生一个博弈，对此会出现以下三种情况：

第一，两人各执己见，于是干脆关掉电视，谁都别看；

第二，一个人看足球，一人看电视剧，但无论如何，都要其中一方放弃自己原先的想法，也就是要么你看足球，我到其他地方看电视剧；或你看电视剧，我到其他地方看足球；

第三，一方劝服另一方，两人同看电视剧或看足球。

夫妻之间，通常来说，忙碌了一天之后的休息活动，是不会分开的。

这也是此博弈的前提。因此，接下来，我们可以做出假设：如果他们分开活动，那么彼此的效用就是0；如果双方一起去看球赛，则丈夫的效用为5，而妻子的效用为1：如果双方一起看电视剧，则丈夫的效用为1，妻子的效用为5。根据上述假定，我们可以做出这样一个矩阵：

夫/妻	看球赛	看电视剧
看球赛	5/1	0/0
看电视剧	0/0	1/5

通过这个矩阵，我们能一目了然地看出一个博弈中会包含的几个因素。矩阵是博弈论中用来描述两个或多个参与人的策略和效用的最常用工具，又被称为“收益矩阵”或“得益矩阵”。

博弈中，每个参与者在采取行动前，不能只考虑自身的目的或利益，还必须要考虑他的决策行为可能对其他人造成的影响，以及其他人的反应行为可能带来的后果，所以通过选择最佳行动计划，来寻求收益或效用的最大化。

我们可以做出总结，一个博弈要包含至少四个或个以上的因素：两个或两个以上的参与者，要有参与者争夺的资源，还有策略以及拥有一定量的信息。而这些，我们都可以用简单又实用的矩阵来表示。

让博弈产生积极的作用

前面，我们已经总结出博弈的含义，有博弈就有博弈论，所谓博弈论，是指某个个人或组织，面对一定的环境条件，在一定的规则约束下，依靠所掌握的信息，从各自选择的行为或是策略进行选择并加以实施，并各自取得相应结果或收益的过程。

博弈本义是指下棋，其实人生如棋，棋如游戏，但博弈绝不是一件容

易的事情。仍然以对弈为例，在对弈过程中，假如两者均是理性的对手，那么甲出子的时候，为了赢棋，得仔细考虑乙的想法，而乙也得考虑甲的想法，所以甲还得想到乙在想他的想法，乙当然也知道甲想到了他在想甲的想法……如此，循环往复。

所以在一场博弈中，人们都希望自己是理性的，而在博弈论中，也就有“理性人”这一概念。所谓的理性人，指的是具有推理、决策能力，并懂得通过权衡能找到最佳的策略，从而使自己成为得益最大的人。所谓的绝对理性，就是丝毫不会被感情左右，这样的人，他们精于计算，所有的决策都是完全利己的，其所追求的唯一目标是自身经济利益的最大化。而现实生活中，完全理性的人是不存在的，人们在做决策时往往是属于有限理性的状态。

耶鲁大学商学院Barry 教授说；“还没有博弈论的时候，人们已经在进行博弈行为，但是有了博弈论，人们未必就一定会赢得更多。因为我们过的不是二人世界，更不是鲁滨逊，一件事情的最终结果，取决于所有人的行动。”

的确在日常生活中，人在做决策时，总会受到情绪的影响，并且人也并不是完全利己的，有时候人会做出利他的选择。博弈论不是万能的，即便你很好地掌握了它，成为了专家，也不能保证你百分之百会赢。

“在别人贪婪的时候恐惧，在别人恐惧的时候贪婪”，这是美国著名投资者股神巴菲特的投资名言。提到投资，提到股票，人们往往会想到巴菲特的名字，他是投资界的代表人物，有过很多辉煌的成功案例。然而，他也有投资失利的时候。

2008年，全球都遭到金融危机的影响，即使是被誉为股神的巴菲特也不例外。此时，他的身家已经缩水到100多亿美元，当时的油价接近了美国历史的最高位。于是，他大量增持了美国第三大石油公司康菲石油公司股票，达到了8490万股，导致自己的公司损失了数十亿美元。

后来巴菲特对外声称：他没有预料到能源价格会在去年下半年的时候

急剧下降，并低估了金融危机的严重性，从而导致了投资的失败。

一向经验老到的“股神”巴菲特也无法获知准确的信息，犯下了投资错误，这充分说明了“完全理性”在现实中是行不通的。尽管巴菲特的决策是从自我最大利益出发，并收集了很多有用的信息，经过分析和推理得出，但是依然免不了投资的失利，这也说明博弈不是万能的，不可能做到百分之百成功。

那么，博弈论难道是假的吗？当然不是。虽说博弈不是万能的，但没有博弈现象存在的生活是万万不能的。我们之所以说博弈论不是万能的，第一个原因是因为人的思维是有限的；另外一个原因则是，我们不可能搜到全部的信息。搜寻信息也是需要时间、精力和人力、财力的，我们总是企图搜寻到最完全的信息，但其实这是不成熟、不理智的做法。

当然不可否认的是，到目前为止，博弈论确实是一种最好的思考工具，它可以帮助我们对现实的客观世界进行近似的描述，可以帮助我们解释分析很多现实的社会现象，可以帮助我们尽可能地减少损失。

2005年因为博弈论获得诺贝尔经济学奖的Robert Aumann 教授这样说过：“博弈论就是研究互动决策的理论。即各行动方(即局中人)的决策是相互影响、相互作用的，每个人在决策的时候，必须将他人(或对手)的决策纳入自己的决策考虑之中，同理也需要把别人对于自己的考虑纳入考虑之中。在进行如此多重考虑的情形下，最终选择最有利于自己的战略。”

因此，身处博弈的局中人，身边都充满了具有主观能动性的决策者。所有在博弈中的人，他们的选择都是相互影响、相互作用的。这种互动的决策关系，肯定会对博弈参与者的思考和决择产生不可忽视的影响，甚至决定成败。

在我们的生活和工作中，处处都是博弈，只要我们有一双发现博弈现象的眼睛，都能看得到。虽然学习博弈论可以帮助我们了解甚至影响一件事情的进展，但博弈论并不是万能的，它不能为我们完全刻画一个真实的世界，不能让我们随心所欲。因此，我们不能认为参与博弈的人都是理性的。

第2章

斗智斗勇，心理博弈其实就是一场游戏

上面一章我们谈到了“博弈”的含义，不少人觉得博弈高深莫测，其实通俗地说就是“游戏”的意思。同样，心理博弈就是一场心理游戏，只不过心理博弈也是一种非常神奇的智慧，需要我们根据博弈的目的，找到合适的心理策略，进而与对方斗智斗勇，最终赢得先机，达成所愿。

与人较量，赢在心理

前面我们谈到，在博弈中要想取得胜利，就要先了解对手、知晓其策略，而这就需要我们懂得一些心理策略，也就是“心计”。的确，在生活中无论从事哪个行业，我们都有自己的对手，并且我们需要经常和对手较量，实际上这个较量多半是来自心理上的，这不但考验我们的口才，更考验我们的智慧。要想打败对方，我们就要学会将心理博弈运用其中，善用一些“心计”，给对手一个出其不意，对手必定毫无招架之力。

小李是一名保险推销员，她从事这个工作好几年了，业绩一直很好。但这次她发现，她的客户姜先生确实是块难啃的骨头，这位姜先生完全有能力购买家庭保险，而且他也很关心自己的家人。可是当小李劝他投保时，他总是提出异议，并且进行了一些琐碎且毫无意义的反驳。小李意识到，如果不用一些好对策的话，这次谈判大概不会成功。

小李凝视着姜先生说：“姜先生，实际上您对自己购买家庭保险的要求已经十分明确了，而且您也有足够的能力支付相关的保险费用，更重要的是，您比任何人都关爱家人的安全和健康。不过，您仍然不能下定决心购买保险。”稍微停顿了一下之后，小李转开话题继续说道：“对了，您平时是如何支配您的休息时间呢？为了更有安全保障，您可能会选择待在家里。其实据有关统计数据表明，家庭是最容易发生危险的地方。”说着，小李将一些统计资料交到姜先生手中。

刚才还出现在姜先生脸上的喜悦表情这时已经荡然无存。小李此时将声调提高了一点接着说：“姜先生，如果您现在马上让我从您家出去的话，我会认为那是情理之中的事情。但我担心您会想如果我正是在这个时间里发生意外伤害怎么办？”

姜先生很诚恳地点了点头，表示认同小李的说法。

小李直视着姜先生说：“而有了这种保险，您7天之内的任何一天都有足够的安全保障，在24小时里的每一小时都不会被忽略。不管在什么地方，不管您是在工作、出差还是休闲，都会享受到安全的保障，您的家人也会得到这样的保障，这一定正是您所希望的吧？”

此时姜先生还有什么可说的呢？他高高兴兴地购买了费用最高的那种保险，因为他要保证自己和家人时刻都处于一种足够安全的保险体系当中。

案例中的小李在劝服不成后及时转化说话方式，直击客户最关心的问题——安全问题，让原本犹豫不决、总是提出异议的客户迅速做出了购买决定。

事实上，任何一个环境中都是存在竞争的，要想在博弈中取得胜利，必须多动脑筋，善于抓住他人的软肋，这才是制胜的良方。

可见，真正深谙博弈的人是会将心理学运用其中的，他们善于抓住他人的心理，出其不意点到对方的“死穴”。其实，除了推销，这种方法还可以应用到与人交往的各个方面。与人较量，要想战胜对手，就要先做好准备工作，前提是洞悉对方的内心世界，然后挖掘自己的强项，才能以强制弱，胜利的概率才能大得多。具体来说，你可以这样“攻心”：

第一，先收集资料，资料收集得越详细越好；

第二，仔细研究资料，找到对方的弱点和长处；

其三，掌握好时间，尽量在对手毫无察觉的情况下迅速出手，给对方一个措施不及。

当然，在与对方沟通的过程中，你还需要注意的是：

1.注意表达

与对手沟通也要有风度，除了要注意自己的态度和说话的方式外，还需要注意语言表达方法。

①说话要言简意赅、长话短说。句子说得短一些，不仅说起来轻松，听起来省力，吸引力也强。

②说话时一定要注意自己说话的语速和节奏性，要吐字清晰，尽量看着对方的眼睛说话，这样，才能说明你是有自信、有能力的。如果说话时眼神游离不定或者不敢正视他人，那么就说明你是自卑的、意志薄弱的。

2.尽量等到对方表达完之后表态

中国人是最具有“重点置之于后”的心理因素的。所以你不能抢着说话，越是最后说话越有把握。比如，在与对方谈话时，应该让对方充分地把意见、态度都表明后，自己再说话。让对方先谈，可以帮助你更好地了解对方，进而找到其软肋。

3.注意态度，不可目中无人

在与他人交谈的过程中，你要时刻注意其他人尚未发现的问题。言谈举止要有个人魅力，而且还要注意自己的讲话技巧，切忌态度高傲、目中无人。

在我们的生活中，总是存在形形色色的人，在与他们交往的过程中，即使在沟通无效的情况下，只要我们善用“心计”，就能出奇制胜——点到对方的“死穴”，对方必定束手就擒。

第一印象真的有那么重要吗

博弈心理学告诉我们，在人际交往中，如果我们想要达到交际目的，首先要做的是让对方从心理上接受我们，而心理学上的第一印象尤为重要。

在生活中，每个人都会不知不觉对“第一”有特殊的感情，并会对

“第一”情有独钟。比如，你会记住第一任老师、第一天上班、第一个恋人等，但对第二就没那么深刻的印象。而这就是心理学上常说的“首因效应”的表现。“首因效应”同样适用于人际交往活动中，只有给别人留下良好的第一印象，俘虏别人的心，才能在社交中通过影响对方的潜意识，来达到自己的目的。因此在博弈中，我们一定要认识到第一印象的重要性。

如果你想给对方留下完美的第一印象，从谈话的角度看，你一定要学会巧妙开腔，即一开口就要愉悦对方的耳朵。

大学毕业之后，小西也像其他同龄女孩一样，带着简历四处寻找工作，可是都没有合适的岗位。在朋友的建议下，她在网上试着寻找机会。无意中她看到一个非常大的企业在招聘秘书，于是满怀信心地投了一份简历。

第二天一大早，小西接到了该企业人力资源部通知面试的电话。这让她着实兴奋不已。按照对方预定的面试时间，小西早早地赶到了。面试在一间小会议室里举行，参见面试的一共有10个应聘者。而公司的大小领导10余人坐在一边倾听。

面试开始后，企业给每个面试者5分钟的时间，让他们做一个竞聘演讲。小西心里暗暗窃喜，因为她在学校里担任学生会主席，演讲对她来说是轻车熟路。因此，当轮到她的时候，她自信满满地走了上去。

5分钟的时间，她简单地介绍了自己的概况，然后又聊了自己对秘书这个职位的理解和认识，最后说自己如果能赢得这个职位，将如何把这个工作做好等。等她昂首挺胸地走下台的时候，在场的领导频频点头。

再看看别的面试者，要么就是紧张地语无伦次，要么就是气若游丝，如蚊子叫。看到这些，小西相信自己一定会赢得这个职位。果然不出所料，面试后的第三天，她接到了上班的通知。

如愿以偿地当上了企业的秘书之后，小西每天尽职尽责，将公司的事务打理得有条不紊，深得总经理的青睐。上班刚刚两个月，她的秘书生涯就结束了。原来她被董事长调到总部去做行政总监了。

那次面试的时候董事长也在，小西的口才给董事长留下了极其深刻的印象，董事长觉得以小西的才华和能力做一个秘书实在是屈才了。所以，当总部的行政总监离开的时候，董事长第一个想到的就是小西。

就这样，没有多少工作经历的小西就这么稀里糊涂地当上了知名企业的行政总监，而且她在这个岗位上做得有声有色。这一切完全得益于她在面试的时候给董事长留下了美好的第一印象。

心理学研究发现，与一个人初次会面，45秒钟内就能产生第一印象。这一印象对他人的社会知觉会产生较强的影响，并且在对方的头脑中占据着主导地位。

当然，要想给对方留下良好的第一印象，我们除了要注意自己的言语外，还要注意行为举止、衣着打扮等。初次结识，一声温馨的问候，几句深入人心的话语，都能给对方留下美好的第一印象，而且这种良好的印象将会。保留下去。总的来说，要想给对方留下好的第一印象，我们要从以下几个方面努力。

1.仪表形象影响交际

虽然以第一印象来判断和评价一个人并不是明智之举，但生活中大多数人都是以第一印象来判断、评价一个人的。

仪表给人的第一印象一般都是最直观的，你的相貌、穿着等，会直接地让人联想到你的品德、修养、品位等各方面。比如很多时候我们会认为，一个长相甜美、笑容灿烂的女孩，一定也是心地善良、性格好的人。其实我们自己也清楚，相貌与心灵之间并没有直接的、必然的联系，甚至很多时候还是相反的。这也是我们需要从第一印象中克服的缺点。

2.才华好、谈吐好才有魅力

美的表现并不一定在外在上，初次见面时，一个人的谈吐也能给人留下一个好印象。在与人交谈的过程中，你的说话气度、是否有思想等，都会给他人留下不同的第一印象。要知道一个儒雅、有才华的人，一般更容

易得到他人的喜爱。因此，如果你擅长琴棋书画中的一种，或者会唱歌、跳舞等一些才艺，你就会受到别人的赞叹和喜欢，甚至是崇拜，成为别人心目中的“才子”，从而增加别人与你交往的欲望。

3.多使用礼貌语

俗话说“礼多人不怪”，“你好”“谢谢你”“对不起”和“请”这些礼貌用语，如使用恰当，对调和及融洽人际关系会起到意想不到的作用。比如“谢谢”这个词，无论别人给予你的帮助是多么微不足道，你都应该诚恳地说声“谢谢”。正确地运用礼貌词，会使你的语言充满魅力，使对方备感温暖。当然，道谢时要及时注意对方的反应。对方对你的感谢感到茫然时，你要用简洁的语言向他说明致谢的原因。对他人的道谢要答谢，答谢可以用“没什么，别客气”“我很乐意帮忙”“应该的”等话语来回答。

4.在你的语言中注入积极的情感

你说出的每一句话都是你精神面貌的体现，所以说话时要开朗、热情，让人感觉你随和亲切、平易近人。另外在说话的时候，你应放松心情，保持自己的特点而不要矫揉造作。而有的人语言气势逼人，或跟人接触时过分热情……这样故作姿态，不仅会令别人难受，连自己也觉得别扭。

5.拥有迷人的个性也是让别人喜欢自己的重要原因

事实证明，一个人拥有迷人的个性就会给自己披上一层魅力的外衣，而这层魅力的外衣像一块磁铁，会吸引别人成为自己的朋友。

先发制人，学会快速了解他人

前面我们已经分析过，任何类型的博弈，归根结底就是一场心理较量，所以在博弈中，我们发现那些深谙博弈心理学的人在与对手较量之前，往往会事先识破别人的内心世界，这样就能根据他人的想法而采取下一步的博弈策略。我们会发现，有些人是值得我们与之深交的人，而也有一些人只能采取“淡如水”的交往方式，更有甚者不能与之交往。

有个道士求见唐伯虎，大肆吹嘘修炼的好处。唐伯虎一看道士，便知此人不善，就说：“既然有如此高妙的道术，为什么你不自己干？而要赐与我？”道士说：“只恨我福分太浅！我见过的人很多，有福气的人，没有像你这样的。”唐伯虎笑着说：“我只出仙福，在城北有一间房间，非常僻静，你到那边修炼，炼出后各得一半。”道士还没有省悟，每天到家来，拿出一把扇子求唐伯虎题诗，唐伯虎写道：“破布衫中破布裙，碰到人就说会炼银，那为何不烧一些自已用？玩弄把戏罢了。”

道士求见唐伯虎，不过是冲着唐伯虎的名声，得到他的题诗后好再去行骗，他的伎俩被唐伯虎看破，自然就无法得逞了。还有一则故事：

小唐今年刚毕业，毫无工作经验的他，很幸运地被一家小公司录用，到现在已经工作两个多月了，但最近他发现，与自己共事的一个男同事实在不好相处。

“刚来公司上班感觉还可以，加上公司只有我们两个男同事，我们的共同语言很多。他是我的搭档比我小一岁，是独生子，性格还挺活泼，但慢慢的就感觉和他很不好相处。这个人很热情，但是却很能吹，而且刚一来就说老板的坏话，还一本正经的以为自己说的都是经验之谈，说自己经历过很多，什么都懂，给我讲了很多社会上的大道理，更不能让人容忍的是，他骄傲自大，说他们家乡人多有钱。有一次，我请他吃饭，等我把钱掏了，他把钱包露出来给我看，说你就剩那点儿钱了，我这零头都比你的多。在工作中，大家也不怎么喜欢和他接触，而我们是搭档，真不知道如何和他相处……但后来我发现他有一个弱点，那就是他比较怕办公室的杨主任，只要杨主任在，他都老老实实的。为了能制服他，我就和杨主任申请换了个

座位。这下在杨主任眼皮子底下的他老实多了，工作起来也踏实多了。”

小唐的这位同事就是典型的骄傲自大者。没有任何成就，却喜欢自吹自擂；一旦小有成就，就沾沾自喜；他们总希望自己能成为交际的“中心人物”，因此，他们总是想方设法让大家都崇拜他、尊敬他，常摆出一副咄咄逼人、唯我独尊的架势，缺少自知之明。和这种人交际或共事，一定要找准他的软肋，案例中的小唐就找到了好办法，否则你将永远被别人“骑在头上”。碰到这种情况，你千万不要低声下气，也不要以傲抗傲，而应该在对方不知不觉中直击他的弱点。

知己知彼、百战百胜，我们要学会慧眼识人，把握人心，这样才能准确地把握对方的内心世界，然后对自己的博弈决策做妥善的规划，赢得心理博弈的成功。所以说，与人较量和博弈，其实就在于“心计”，直指人的隐秘心灵，就能做出有益于自己的博弈决策。

然而，我们要想窥探他人的心理，就要具备一定的洞察力，学会“读”心。当然，谁也不会把自己的真实想法挂在脸上或者嘴上，因此，洞悉对方内心世界也不是一件简单的事，其难度就体现在“快”和“准”上。能瞬间准确地把握与判断，要靠“用心看”“用心听”“用心问”“用心想”，以及毫不间断地积累和学习。

1.会“听”

在人际交往中，并不是所有人都会把内心的话直白地表达出来，为此我们只有多听，能听出对方的言外之意和话外之音，然后才能“有的极点”——采取进一步的策略，才能把握交际中的主动权，并如愿以偿地踏上自己的成功之路。这可以从中国的历代外交辞令中得到证明，精明的外交家，除了能言善辩外，更重要的是他们会听。

2.会“看”

在对方说任何话时，你都应该仔细观察，看出其内心真实的想法。比如若对方的口头禅是“真的”，那么这个人是真老实还是假实在？如果他

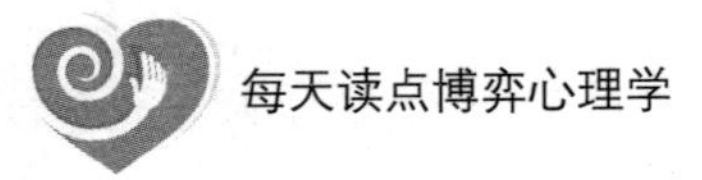

平时不大爱说话，现在却这么健谈，到底是为什么？咬嘴唇、摸下巴，这些小动作又代表着什么？同一个双手抱臂的人讲话，为什么他几乎一句也听不进去……

3.会“问”

事实上，有些人隐藏得很深，并不是简单的“听”和“看”就能看出其内心世界。此时，我们不妨采取更深入一点的方法——投石问路，采用一点小小的计策，让他人“不打自招”。当然，这种投石问路的方法很多，比如，酒后吐真言，还可以利用人对金钱的欲望、地位的诱惑等，这样对方的内心动态以及善恶好坏自然就暴露无遗。中国古代那些慧眼识英才的人，往往会采取这些方法试探所用之人，因为真金不怕火炼，人格情操高尚的人，自然不会为眼前的诱惑所迷。

4.会“想”

这是最高层次的“读”心手段。要知道，任何细节都是人体在潜意识中发出的信号，都是读懂对方内心意愿的关键线索。如果你误读了这些细节，就有可能导致一些不良后果——也许一笔大生意就此泡汤，也许会让你的爱人就此离开，甚至会让你在无形中树敌。生活原本就是由无数细节组成的，如果不注意这些细节，你还能掌控你的生活和社交吗？

笑到最后才是真正的赢家

在谈到这个问题之前，我们有必要先了解一下枪手博弈，在第一章，我们提到了这一概念，但并未给出具体的解释，这个模型是这样的：

甲、乙、丙是三个死对头，这天，他们约定了要进行生死对决。在这三个人中，甲枪法最好，十发八中；乙枪法次之，十发六中；丙枪法最

差，十发四中。

那么，如果这三个人同时开枪，并且他们只能射出一发子弹，那么第一轮枪战后，谁活下来的机会会更大些？也许你认为是甲，因为他的枪法最好，而实际结果会让你大吃一惊，因为枪法最差的丙却是最后的幸存者。我们来分析一下各个枪手的策略。

枪手甲一定要对枪手乙先开枪。因为乙对甲的威胁要比丙对甲的威胁更大，甲应该首先干掉乙，这是甲的最佳策略。同样的道理，枪手乙的最佳策略是第一枪瞄准甲。乙一旦将甲干掉，乙和丙进行对决，乙胜算的概率自然大很多。

枪手丙的最佳策略也是先对甲开枪。乙的枪法毕竟比甲差一些，丙先把甲干掉再与乙进行对决，丙的存活概率还是要高一些。

我们计算一下三个枪手在上述情况下的存活概率：

甲：24%（被乙丙合射40%×60%=24%）

乙：20%（被甲射100%－80%=20%）

丙：100%（无人射丙）

通过分析，我们发现枪法最差的丙存活的概率最大，而枪法好于丙的甲和乙的存活概率远低于丙。

也就是说真正的赢家是笑到最后的，开始阶段，也许我们的实力弱小，但正确的博弈策略和耐心地等待，使我们最终能够克敌制胜。我们常有这样的体会：我们在等人的时候，望眼欲穿，可对方偏偏不见踪影，正当我们准备离开的时候，他却姗姗来迟；当股市低迷，大家都全身而退的时候，你抱着试试看的心理，就在最后一刻却出现了转机；当你就要放弃手头的这道难题时，却灵光闪现，顿时令你豁然开朗，一举攻破这道难题……这些最后一刻出现的惊喜和成功，往往让人倍加高兴。其实更庆幸的是，你没有放弃，而是静下心来等待。其实，人际间的较量何尝不是如此呢？很多事不要过早下结论，也不要人云亦云，尤其是当别人都灰心丧气的时候，你如果坚持下去，并等待转机，奇迹是可能出现的。博弈中的胜败因素在一个人的智慧，所以我们做事绝不可鲁莽，要静待时机，任何事不到最后一刻都不可盖棺定论，要知道，成功总是"犹抱琵琶半遮面"、姗姗来迟的，而我们要做的就是努力加坚持。

在商界流传着这样一个故事。

有三个日本人，作为日本某家航空公司的采购代表来到美国，准备和一家飞机制造公司谈判，希望能以合理的价格买进一批材料。

当然，美方也不示弱，他们为了能赢得利益，也挑选了一批精英来参加这次谈判。美方的聪明之处在于，谈判开始后，他们并不是采取常规交涉的方法，而是用产品说话，采取了一系列的产品攻势。

谈判室是美方提供的，为此他们似乎更具有优势，他们在谈判室里挂满了产品图像，还印刷了许多宣传资料和图片。他们用了两个半小时，三台幻灯放映机，放映了好莱坞式的公司介绍。他们这样做，一是要加强自己的谈判实力，二是想向三位日本代表作一次精妙绝伦的产品简报。可是，奇怪的是那三个日本代表，在整个放映过程中，静静地坐在里面，全神贯注地观看。

一番介绍加上放映后，美方高级主管得意地站起来，转身向三位显得有些迟钝和麻木的日方代表说："请问，你们的看法如何？"

不料一位日方代表说："我们还不懂。"这句话大大伤害了美方代表，他的笑容随即消失，一股莫名之火似乎正往上顶。他又问："你们说不懂，这是什么意思？哪一点你们还不懂？"另一位日方代表彬彬有礼地微笑着回答："我们全部没弄懂。"美国的高级主管又压了压火气，再问对方："从什么时候开始你们不懂的？"第三位代表严肃认真地回答："从关掉电灯，开始幻灯简报的时候起，我们就不懂了。"这时，美国公司的主管感到了严重的挫败感。

为了商业利益，美方主管又重放了一次幻灯片，而且明显放满了速

度，但日方代表还是一直摇头，美国的高级主管一下子泄气了，显得心灰意冷、无可奈何。他对日方代表说："那么，那么……那么你们希望我们做些什么呢？既然我们所做的一切你们都不懂。"这时，一位日方代表慢条斯理地将他们的条件说了出来，他说得如此慢，以致使美国高级主管像回答询问似的，毫无斗志地斜坐在那里，稀里糊涂地应答着，他的思维已经紊乱了，信念被摧毁了，根本未做任何有效反应。

结果，日本航空公司大获全胜，成果之大，连他们自己都感到意外。

这三名日本代表是聪明的，他们利用的就是美方不能坚持到底的心态，然后做了一点小小的"手脚"，让对方自乱方阵。当得意的美方代表产生挫败感、显得心灰意冷的时候，他们的目的也就达到了。此时，他们提出的条件，对方已经毫无招架之力。日方代表在强势的美方制造商面前并没有认输，而是耐心地等待，最终取得了胜利。而美方代表因为没有耐心，输了这场谈判。

不难发现，在我们生活的周围，有一些人做事急躁、三分钟热度，这些人要想成功，必须培养自己的意志力，要懂得思考，用睿智的大脑去判断事情的多面性。俗语说"功到自然成"，功夫未到，成功是不会向你招手的，"坚持就是胜利"的道理恐怕每个人都懂，但真正能做到的人并不多，这需要安静等待的耐心和自我控制力，要知道，真正的赢家往往是那些笑到最后的人！

努力让对方对你产生好感

在与人交往的过程中，我们都希望给他人留下一个好印象。要做到这点，我们不但要从外在形象上入手，更要学会说话、办事，而这都属于博弈心理学的范畴，只要我们能让对方与我们站在同一阵营中，产生心理认同感，就能巩固彼此之间的关系。

那具体来说，我们需要怎么做呢？

1.注重你的形象

小王与妻子出国后，很快与周围的外国朋友打成一片，因为他们善良且乐于助人。但他们第一次参加朋友们的派对时，却出了丑。

那天是圣诞节，他和妻子因为一件小事刚吵过架，心情很不好。这时，电话响了。朋友邀请他们参加一个圣诞派对，他与妻子没多想，穿着T恤衫、牛仔裤就出发了，结果在踏进朋友家时看见大家都穿着优雅得体的小礼服，真的有一种想找个地方躲起来的冲动。当朋友把这对中国夫妻介绍给自己的朋友时，他们表现出来的没精打采的态度，更是让这些朋友很沮丧。

事后，小王还专门打电话给这位朋友，为自己当天在派对上的失态而道歉。后来，他们专门找到一位形象设计师讨教，因为在他们的生活圈子中，少不了要经常出席这样的场合。

随后，他们与家人一同前往新加坡，参加侄女的婚礼，回来后，他对这位形象设计师说：“在婚礼上，我们受到很好的礼遇，我觉得在很大程度上，是因为我们穿对了衣服，让对方很好地感受到我们的真诚、懂礼、有素养，给国外的亲戚、朋友留下了深刻的印象。”

在这则案例中，小王夫妻给外国朋友的印象有如此巨大的反差，就在于他们赴宴时的不同装扮。第一次，因为他们夫妻吵架、心情不好，就穿了一身随意的衣服，为此他们失态了。而第二次，在经过形象设计师的一番指导后，他们掌握了如何穿着才显得神采奕奕，正如小王说是因为他们穿对了衣服，让对方很好地感受到他们真诚、懂礼、有素养的一面，才给国外的亲戚、朋友留下了深刻的印象。

2.让你的微笑活泼一点

每个人生来都会微笑，但随着年龄的增长，生活压力的增大，我们逐

渐忘记了这一本能，似乎总是能找到让自己愁眉苦脸的理由，尤其在陌生的环境里，微笑最容易被我们忽略。

事实上，你如果能笑一笑，并让你的微笑活泼一点，那么别人就会被你的真诚和快乐所感染。因此，当你接受过别人的帮助后，你不妨面带微笑地对他说声“谢谢”；清晨，当第一缕阳光照在你身上的时候，不妨对你的爱人说声“早安”；当你的同事升职后，你应该发自内心地祝他表示“恭喜你”。一旦你的言辞能自然而然地渗入真诚的情感，你就拥有了引人注意的能力。

3.最后的印象和最初的印象同样重要

在人际交往中，人们往往比较重视第一印象效应，而忽视甚至对“近因效应”一无所知。事实上，在学习与人际交往中，“近因效应”与“第一印象效应”同样重要。心理学认为，能强留在人的记忆中的，是最初的最后的记忆。也就是说，第一印象固然重要，但随着交往的深入，印象会逐渐发生改变，一连串的事件的不同阶段，被接受的印象有差异，但最初和最后的印象令人非常深刻。

然而在现实生活中，人们在社会交往的时候，往往忽视了近因效应，导致人际交往虎头蛇尾，给别人的最终印象很差，这样的事例屡见不鲜。

小李在一家大型公司工作，他主要负责的是产品业务，一直以来，他做的都很出色，公司领导也很信任他。

一次，领导将一件重大任务交给了他，让他务必拿下这个单子。这是一笔外包业务，对于这样的大企业来说，如果能拿下这笔业务，公司可以获得一笔很大很稳定的现金流。

为此，小李将全部精力都投入了前期的准备工作中，因为认真负责，对方对小李还是留下了非常好的印象，接下来的洽谈工作也很顺利。但就在准备签合同的最后一天，却出现了一些细节上的问题。

对方负责人告诉小李，他们暂时还不能做主，需要请示上级再做决定。小李心想，这也是情理之中的事，于是他满口答应了。

一天过去了，两天过去了，一周、一个月过去了，对方还是没有回信。最后已经按捺不住的小李主动打电话过去问，一个在该公司工作的朋友告诉他，事情已经黄了。小李追问原因才知道，问题出在最后那天他穿的那件西装上。

原来，当天，小李穿的那件西装的袖口上，少了一粒纽扣。一个不注重细节的人，他所在的公司肯定也好不到哪里去，而对方外包的可不是别的，而是精密仪器的零配件。

小李这才如梦初醒，可能是那天因为太兴奋而在出门前忘了检查自己的仪表，可能更多的原因是因为自己认为大局已定，不需要太过小心，最终导致了一笔大单子不翼而飞。

故事中，小李之所以让一笔大生意与自己擦肩而过，是因为他的表现太虎头蛇尾了。这就告诉我们，首尾同样重要，我们不仅要在开头表现好，在最后阶段的表现同样也很重要，有始有终，才能真正俘虏对方的心。

让狂妄的对手放松警惕

前面，我们分析了枪手博弈的模型，这一模型的结论是：枪法最差的丙存活的几率最大，而比他枪法好的甲和乙的存活几率远低于丙的存活几率。但是，这一模型隐含一个假定，那就是甲乙丙三人都清楚地了解对手打枪的命中率。但在现实生活中，因为信息不对称，比如枪手甲伪装自己，让枪手乙和丙认为自己的枪法最差，在这种情况下，最终的幸存者一定是甲。所以，那些城府很深的奸雄往往能成为最后的胜利者。这样的例子，对你的职场或者官场生涯是否很有启发呢?

人生在世，谁都少不了竞争对手。有时候，我们的对手是狂妄的，面对这样的竞争对手，有人认为我们也要表现自己，让对方退缩。而实际上，人们在被对手贬低的时候，都会有一种反击的心理。而这种反击可能是让对方努力的动力。因此，聪明人在竞争过程中，常常在说话时放低自己，抬高对手令其飘飘然，让其放松警惕心理，从而增加自己成功的砝码。

曾国藩在初办团练的时候，有一次绿营兵与湘勇哄闹，到了晚上还潜入了曾国藩的府邸。对此，曾国藩亲自告诉了巡抚，然而巡抚却置之不理。曾国藩只好带着湘勇迁到了城外，避开绿营兵的扰乱。有人对此表现不理解，曾国藩叹息："大难未已，吾人敢以私愤渎君父乎？"大敌当前，怎么能为个人利益而泄私愤呢？唯有忍辱负重才好，后来曾国藩更是将"忍辱负重"之术发挥到极致。

湘军前期发展并不顺利，出征之初就大败于太平军，内心悲苦的曾国藩更是跳水自尽，后被人救起。战局的困顿让曾国藩情绪很是低落，心中萌发了退意。不久，曾国藩就以回家为父亲守孝为名弃军而去。第二年，湘军攻占了九江，已经平复心境的曾国藩决定重新出山。

再次出山并没有赢得清政府的信任，一方面战事不利，另一方面朝廷长期不给湘军体制内的身份，也不授予曾国藩正式的官职。后来，曾国藩才被授职为两江总督统帅湘军，不过在任职中，朝廷的猜疑使得他战战兢兢，如履薄冰。咸丰年间，朝廷在短时期内连发两道诏书，一道是任命，一道是取消任命。曾国藩大叹："我浴血奋战，受此猜疑，令人心寒，若被谋害，墓志铭里一定要替我鸣冤，否则死不瞑目。"

于是，曾国藩在这种长期没有官职、没有地盘、没有实权、筹不到军饷的情况下，率领湘军孤军奋战，有时候还会被怀疑是伪军。对此，曾国藩二度自杀，最终，他还是顽强地忍了下来。直至天京沦陷，湘军镇压了太平天国起义，曾国藩将陷入危机中的清政府拯救出来。从起兵到胜利，曾国藩忍辱负重地度过了这痛苦的十多年。

曾国藩那忍耐的勇气简直到了无法形容的程度，即便自己在压力下快要自杀的时候，他还是忍了下来，这不是懦弱，这才是真正的勇气。即便这样，曾国藩在检讨自己缺点时说道：“自己忍得不够，有三大过错：平日不敢信、不尊敬别人，相对傲慢太甚；平时一句话不对劲，就怨恨无礼；抵触分歧之后，别人反而恢复平静易顺，自己却反而悍然不近人情。”检讨了自己的三点不足之处，曾国藩更注重“忍辱负重”，于是在经历了漫长的阴霾之苦，他终于迎来了人生的艳阳天。

历史上这样能委曲求全的人，着实不少。懂得克制自己，为了大局考虑，这才是真正的智慧，逞一时之快，发泄了自己的不满与愤怒，过早地将自己的底牌亮出来，往往会在以后的交战中失败。

的确，利益敌对的两方，谁先暴露自己，谁就最先偃旗息鼓而败退，要想克敌制胜，就必须让对方摸不清虚实。要达到这一目的，我们不妨放低自己，适当讨好一下对方或者赞美对方，当其因为你的恭维而飘飘然的时候，你就离成功不远了。

为此，我们必须首先做到驾驭愤怒情绪。其实，喜怒哀乐是人之常情，愤怒是一种激烈情绪的表现，人是可以愤怒一下的，但要注意场合，在涉及利益的社交场合中，愤怒只会泄露你的内心情况。为此，你必须理性地控制，锻炼自己的自控能力，多考虑愤怒的后果。

另外，为对手叫好也是一种恭维。一位成功人士说：“为竞争对手叫好，并不代表自己就是弱者。为对手叫好，非但不会损伤自尊心，相反还会收获友谊与合作。”同时，这也是一种心理策略，任何人都爱听赞美与肯定的话，我们承认对手的能力，有利于消除对手的戒备心，甚至有利于我们从对手那里获得经验教训从而提高自己，在不断提升和完善自我之后，赢得对手就势在必然了。

总之，在与对手博弈的过程中，要想成为赢家，就要善于隐藏自己并让对手放松警惕，并且需要提升自己，那么赢得博弈的成功就顺其自然了。

第3章

自我博弈，在与自己对阵中如何战胜自己

现实生活中，人与人之间存在博弈，其实自己与自己之间也是一个博弈的过程。任何事物，其内在也是相互矛盾的，对于我们自身来说也是如此。在自我博弈中，我们要么向自己挑战，要么合作，但我们绝不能向那个软弱的、懒惰的、消极的自我妥协，而应该坚决抵抗，否则，纵容自我就等于走向毁灭。

克服恐惧才能往前走

前面我们提到，在与人博弈的过程中，要想获胜就要运用一些“心计”。其实，我们同样可以缩小博弈的范围，将博弈运用到自身心理素质的建设中来，也就是说，在我们的内心，其实有两个自我，我们要想积极向上、勇敢前进，就必须要让强大的自我战胜懦弱的自我。“要战胜别人，首先须战胜自己。”这也是智者的座右铭。的确，在人生路上，我们会遇到一些挫折，但我们的敌人不是挫折，不是失败，而是我们自己，是内心的恐惧。如果你认为你会失败，那你就已经失败了，说自己不行的人，遇到困难和挫折，他们总是为自己寻找退却的借口，殊不知这些话正是自己打败自己的最强有力的武器。一个人只有把潜藏在身上的自信挖掘出来，时刻保持着强烈的自信心，困难才会被我们打败。成功者之所以成功，是因为他与别人共处逆境时，当别人失去信心时，他却下决心实现自己的目标。

在生活中你可能会偶尔感到恐惧，但对此美国著名将领艾森豪威尔将军是这样诠释的：“软弱就会一事无成，我们必须拥有强大的实力。”不正面迎向恐惧，面对挑战，你就得一生一世躲着它。

一天，某公司总经理突然宣布一条纪律：八楼那个挂着牌子的房间谁也不许进，谁进谁就会被炒鱿鱼。这可是事关职场命运的事，谁也没有多问，只是遵守这条令人感到奇怪的纪律。

三个月后，公司招进了一批新员工，总经理把这条纪律也重申了一遍。

其中有个年轻人很好奇，便随口问了一句："为什么？"

总经理听到后也没有表现出很生气的样子，只是态度严肃地说："没为什么！"

从这件事以后，这个年轻人的大脑里一直有个解不开的问题——为什么总经理不让大家进八楼那个房间呢？难道有什么秘密吗？尽管周围的同事告诉他不要多想，只管做好自己的工作就好，可是他的好奇心却一直告诉他一定要去看看。

这天中午，趁着大家休息之时，他一个人爬上了八楼，然后轻轻地叩了叩那扇门，但却无人应答，然后他轻轻地推了一下门，门居然开了，原来门没锁。他小心翼翼地走进去，却发现房间里没有任何摆设，只有一张桌子。年轻人来到桌旁，看到桌子上放着一张纸牌，上面用毛笔写着几个醒目的大字——请把此牌送给总经理。

这个牌子已经布满灰尘，但看到这张纸牌，年轻人很快明白了总经理的用意，然后他立即拿起纸牌，直奔总经理办公室。当他自信地把纸牌交到总经理手中时，仿佛期待已久的总经理一脸笑意地宣布了一项让年轻人感到震惊的任命："从现在起，你被任命为销售部经理助理。"

果然，这个年轻人没有辜负总经理的期望，把公司的销售业绩搞得红红火火，并很快被提升为销售部经理。

在公司年会上，总经理给了大家一个破格提升这位年轻人的解释："这位年轻人不为条条框框所束缚，敢于对上司的话问个'为什么'，并勇于冒着风险走进某些'禁区'，这正是一个富有开拓精神的成功者应具备的良好素质。"

其实，很多成功的门都是虚掩着的，只有勇敢地去叩开它，大胆地走进去，才能探寻到宝藏。毕竟，勇气是成功的前提。敢于冲破禁区者，必有意想不到的收获。

无畏是灵魂的一种杰出力量，正是靠着这种力量，英雄们在那些最突然和最可怕的事件中，也能以一种平静的态度把持自己，并继续自由地运用自己的理性去思考问题。一个人只有控制了怯懦，才会在生活中始终乐观而健康。

那么，你该怎样克服畏惧、培养勇气呢？

1.积极的心理暗示

“让我再试一试”，你应该这样暗示自己，要试出好的结果，就要装出非常勇敢、无所畏惧的样子，而且全身心地表现出来。

西奥多·罗斯福原本也是个自卑的人，他曾这样描述过自己：“有一次，我读到一本书，这本书中写了一个人怎样克服自己恐惧的方法——人们可以装作不害怕的样子，时间一长，假的就不知不觉变成真的了。我觉得很有道理，因为那时候我真的很害怕很多东西，后来我也就假装不害怕，时间长了，没想到我真的不怕了。我想，人们只要愿意，可能都会有这样的经验的。”詹姆士对此也有同感，他说：“这样，英雄气概就会取懦夫之怯而代之。”

2.为自己树立榜样，鼓励自己

你可以通过学习英雄人物的事迹，用英雄人物勇敢顽强的精神激励自己的勇气。在平时的训练和生活中有意识地在艰苦的环境下磨炼自己，培养勇敢顽强的作风。这样，即使日后真正陷入危险情境，也不会就变得惊慌失措，而是会沉着冷静，机智应付。

3.做好最坏的打算

谚语说：“能解决的事不必去担心，不能解决的事担心也没用。”这样一想，你会发现，在最坏的情况面前，也没什么可忧虑的，那么你也就能变得积极了。

4.积极参加心理训练，提高各项心理素质

比如进行模拟危险情境训练，设置各种可能遇到的情况，进行有针对

性地心理训练，形成对危险情境的预期心理准备状态，就能够有效地战胜紧张和不安等不良情绪，提高心理适应和平衡性，增强信心和勇气，以无畏的精神克服恐惧心理。

总之，物竞天择，适者生存，当今社会更是一个处处充满竞争和博弈的社会，任何一个人，要想在博弈中获胜，首要要懂得自我博弈，其中重要的一点就是要消除内心的恐惧，毫无畏惧，自然战无不胜。

挑战，成功者永恒的坚持

在这浩瀚无边际的宇宙里，当我们驻足回首转望时，发现原来我们也和所有世人一样，是那么渺小，甚至比一粒微尘还小。虽然经历了数不清的无奈和遗憾、痛苦和悲伤、寒冷和恐惧，可我们从不悲观。我们一直坚强地活着，不时地憧憬着自己平凡而精彩的一生，因为我们明白这个世界原本就是相对的，没有痛苦的挫败，就不会珍惜愉悦的成功；没有坎坷的经历，就收获不了甜美的幸福；没有敢为人先的勇气，就不会有灿烂的成功。所以，任何一个成功者都把不断挑战自我当成自己人生的信条和座右铭。我们也可以说，不断激励自己去挑战新高度，是自我博弈的重要课程。很多时候，只要我们敢迈出第一步，就会触摸到新的体验。

有一个叫卡兰德的军官，有一次他在纽约的一个漂亮饭店里，看着善泳的朋友们在阳光下嬉戏，忽然有一种不舒服的感觉涌上心头。卡兰德告诉他们，自己怕晒黑，所以不想下水。朋友们笑着怂恿他：“不要因为怕水，你就永远不去游泳……”

阳光洒在他们水滑光亮的肌肤上，大家像海豚一样骄傲地嬉戏着，而卡兰德其实并不想躲在没有阳光的阴影里看着大家快乐嬉戏。他觉得自己是个懦夫。

一个月后，朋友邀卡兰德到一个温泉度假中心，他终于鼓足勇气下水了。卡兰德发现自己没有想象中那么无能，但他还是不敢游到水深的地方。

“试试看，”朋友和蔼地对他说，“让自己灭顶，看会不会沉下去？”

于是，卡兰德试了一下。朋友说得没错，在我们意识清醒的状态下，想要沉下去、摸到池底还真的不可能。真是奇妙的体验！

“看，你根本淹不死。沉不下去，为什么要害怕呢？”

卡兰德被上了一课，若有所悟。从那天起，他不再怕水，虽然目前他还不能算是游泳健将，但游个四五百米是不成问题的。

和卡兰德一样，对于生活中的我们来说，也要敢于挑战自己。事实上，古今成大事者，最不缺乏的就是敢于挑战的勇气和勇于创新的精神。当今社会，在很多行业，尤其是在网络软件、策划、咨询、证券、投资等知识密集型行业中，“经验”已经不重要，重要的是“创新精神”。我们要想取得事业的成功，在具有创新精神并敢于标新立异的同时，一定还要有勇气，要知道机会总是留给敢于迎接挑战的人。

要挑战自己，你可以从以下几个方面着手。

1.告诉自己“我能行”

生活中，许多人常常说“我不行”。而之所以他们会有这样的意识，是因为两个方面的原因：一个是自我意识，二是外来意识。前者是自我否定，后者是来自于他人的否定，而想要摆脱这一负面的意识，你必须要在内心反复暗示自己：“我能行。”

一次，在某学校五年级召开的班长竞选大会上，一个身材矮小，小男孩站了起来，他涨红了脸但却很有力地说道：“虽然我并不优秀，学习成绩也不太好，但请大家相信我，给我一个机会，我也想为班级做点事。请投我一票吧！”

这样热烈的请求，有谁会不答应呢？于是，同学们对他报以热烈的掌

声，一致同意让这位小男孩担任小队长。从掌声中，这位男孩听到了同学们热情的鼓励："你能行！"当时，他激动得哭了。上任以后，他工作得很出色。

2.多做一些曾经没有做过的事

做曾经不敢做的事，本身就是克服恐惧的过程。如果你退缩、不敢尝试，那么，下次你还是不敢，就永远都做不成。只要你下定决心、勇于尝试，这就证明你已经进步了。在不远的将来，即使你会遇到很多困难，但你的勇气一定会帮你获得成功。

3.用心发现机遇

当然，现下的你还谈不上抓住机遇追求成功，但从现在起，你必须要培养自己敏锐的观察力和冷静的头脑，而且要融入到日常的学习和生活中，遇到事情切不可冲动，而应该静下心来思索，哪怕是微弱的一次解决的机会也不放过。

4.挑战中要把握机会，减少风险因素

培根曾说过："我们要时时注意，勇气常常是盲目的，因为它没有看见隐伏在暗中的危险与困难，因此勇气不利于思考，但却有利于实干。所以对于有勇无谋的人，只能让他们做帮手，而绝不能当领袖。"的确，冒险是需要勇气的，但敢于冒险并不等于有勇无谋，有道是："富贵险中求，成功细中取。"冒险绝不等于蛮干，它是建立在正确的思考与对事物的理性分析之上的。

总之，在现代社会中，没有超人的胆识，就没有超凡的成就。每个人都要敢于尝试，敢于挑战自己，这样你就有了做第一个成功者的机会。胆量是使人从优秀到卓越的最关键的一步。你需要勇气，需要胆量，你不是弱者，机会是给敢于迎接的人。

自控是成功的第一步

我们都知道，人最大的敌人是自己，所以有了自我博弈之说，自我博弈就是一个不断战胜自我的过程，只有能够战胜自我的人，才是真正的强者。

古人云："天将降大任于斯人也，必先苦其心志，劳其筋骨，饿其体肤，空乏其身，行拂乱其所为，所以动心忍性，增益其所不能。"那些成大事者，都有"动心忍性"的自制力，能守得云开见月明，从而走出逆境。自律就是自我管理、自我控制；自律就是战胜自我、超越自我。

事实上，自控对于任何一个人来说都十分重要，它能督促我们去完成应当完成的工作任务；能抑制我们的不良行为。相反，如果没有或缺少自我控制，不良的行为和情绪就会反过来控制你，使你失去意志力、信心、执着和乐观，失去获得成功的机会，甚至会偏离人生的方向，误入歧途。曾经有个"不抽烟的球王"的故事。

巴西球员贝利，被人们称为"世界球王""黑珍珠"，在他很小的时候，就对足球表现出惊人的才华。

一次，贝利和他的同伴们刚踢完一场足球赛，已经筋疲力尽的他找小伙伴要了一支烟，并得意地吸了起来。感觉疲劳都已经烟消云散，然而，这一切都被他的父亲看在眼里，父亲很不高兴。

晚饭后，父亲把正在看电视的贝利叫过来，然后很严肃地问"你今天抽烟了？"

"抽了。"贝利知道自己做错了事，但也不敢不承认。

但令他奇怪的是，父亲并没有发火，而是站了起来在房间里来回踱步，接着说："孩子，你踢球有几分天资，也许将来会有出息。可惜，抽烟会损害身体，你现在要抽烟了，会使你在比赛时发挥不出应有的水平。"

听到父亲这么说，小贝利的头更低了。

父亲又语重心长地接着说："作为父亲，我有责任也有义务教育你，但真正主导你人生的是你自己，我只想问问你，你是想继续抽烟还是做一个有出息的足球运动员呢？孩子，你已经长大了，该懂得如何选择了。"说着，父亲从口袋里掏出一叠钞票递给贝利，并说道："如果你不想做球员了，那么，这笔钱就拿给你做抽烟的经费吧！"父亲说完便走了出去。

看着父亲的背影，贝利哭了。他知道父亲的话有多大的分量。他猛然醒悟了，拿起桌上的钞票还给了父亲，并坚决地说："爸爸，我再也不抽烟了，我一定要当个有出息的运动员。"

从此以后，贝利再也不抽烟了。不但如此，他还把大部分时间都花在刻苦训练上，球艺飞速提高。15岁参加桑托斯职业足球队，16岁进入巴西国家队，并为巴西队永久占有"女神杯"立下奇功。如今，贝利已成为拥有众多企业的富翁，但他仍然不抽烟。

欲胜人者先自胜！胜人者有力，自胜者强。谁征服了自己，谁就取得了胜利。对自己苛刻，征服自己的一切弱点，正是一个人伟大的起始。大凡成功的人，都有极强的自制力。

我们听过这样一句话"上帝要毁灭一个人，必先使他疯狂"。这句话的意思是，一个人，一旦失去自制力，那么，他距离灭亡的日子也不远了。的确，一个人连自己的行为也不能控制，又怎么能做到以强烈的力量去影响他人，获得成功呢？

可见，失去控制的人生最终会走向失败。唯有自制的人，才能抵制诱惑，有效地控制自身，把握好自我发展的主动权，并驾驭自我。一个人除非能够控制自我，否则他将无法成功。

那么，我们该怎样培养自己的自控力呢？

1.认识到自制力的重要

你要培养坚定的自制力，首先要从心里认识到自律的重要，然后才能自觉地培养。只有坚决地约束自己、战胜自己，才能最终战胜困难，取得成功。

2.为自己设立适宜的目标

你的自我期望要建立在符合自己的实际情况、切实可行的基础之上。作为一个男子汉，你应该有理想，有志向，但这种理想和志向，不能是高不可攀的，也不应当是唾手可得的，而应该是通过一定的努力，可以实现的适宜的目标，应该符合个人的个性特点和实际能力水平。

3.自制力的培养是一个循序渐进的过程

培养自制力是一个循序渐进的过程，因为自制力不可能是一念之间产生的，也不是下定决心就可以立时形成的，其形成需要一个过程。如果你给自己规定从明天开始就要好好学习，一旦达不到目标往往会产生挫折感和自悲感，丧失改变自己的信心。所以，自制力的形成不要期望一蹴而就。

的确，我们遇到的最强大的对手往往不是别人，而是自己。因为人的缺点常常是很顽固的，你若想做到自我突破，让自己再上一个新台阶，就必须克服自身的缺点。一个自律的人能够不断克服陋习、完善自己，一个不能自律的人却会被自己的一个小缺陷轻易击败。人或强大或弱小，是由能否战胜自我而决定的。

冲动前请先思考三分钟

在自我博弈中，很重要的一点就是培养自控力。的确，每个人都需要有一定的自控力，它是一个人成熟的体现。没有自控力，就没有好的习惯。没有好的习惯，就没有好的人生。所谓自控力，指对一个人自身的冲

动、感情、欲望施加的正确控制。然而，在生活中却常常会遇到一些扰乱我们脚步的事，它要么让我们产生坏情绪，或悲伤，或愤怒，或懈怠，但如果我们跟着情绪走而不进行自控的话，那么，我们就可能因为一时冲动而做出让自己后悔的事来。其实，要解决这一问题，我们首先要学会“控心”。我们在心情激动前，不妨先深呼吸一下，让自己冷静下来，那么便能远离冲动，抑制激动，才能驶向开心的彼岸。

有一天，小林和老公去购物，走进一家裤行。

她问售货员：“有靴裤吗？”售货员本来低着头，瞟了小林一眼，不耐烦地说：“长靴还是短靴？”小林说：“长靴。”“中间一排。”林看了看，看中一条条绒布料的，就伸手去拿，从背后传来了叫喊声：“别拽别拽。”小林就停了下来，那个售货员给另一位顾客拿裤子，并牢骚满腹：“烦死我了。”随后鼻子不是鼻子，脸不是脸地对小林说：“哪条？”一见那架式，小林着实有点生气了，但她深呼吸了一下，还是忍住了。于是她不买了，并迅速走向门口，丈夫正在那等她。正好，店主人也在门口，看见了刚才发生的事，找了另一位售货员，要为小林服务，这个服务员说：“你可真是海量啊，一般去她那买衣服的人，没有不和她吵架的，你的修养可真是少见。”小林一听，倒也挺开心。

小林面对这样的售货员，没有和她理论，而是先调整了自己的情绪，然后离开了，她获得了别人对她修养的肯定。其实，很多事情本应该如此，何必生气呢？如果遇事斤斤计较，只会徒增烦恼。

其实，无论在什么情况下，激动都使人们做出失去理智的事，它给人带来的负面影响可能远远大于我们的想象，会给我们的生活带来深远的影响。

人们在遇到一些或悲或喜的事情时，都会激动，并且很难一下子冷静下来，所以当你察觉到自己的情绪非常激动，眼看控制不住时，一定要及时转移注意力并自我放松，鼓励自己克制冲动的情绪，对此，我们可以尝试以下让自己的行为慢下来的方法。

首先，放慢语速，调整心情。

如果你在说话，你可以试着让自己的呼吸均匀下来，然后作自我暗示："放松，冷静。"如果你的情绪很激动，那么不妨先闭上眼睛，然后想想让自己高兴的事情，并尝试站在他人的角度审视自己的行为，慢慢地你就能冷静下来。

你也可以尝试一下"数数法"。不过这里的数数，并不能按照常规数字顺序，因为这样做并不会启动我们的理性程序，而应该打乱顺序，比如，1，4，7，10……这样一来，你的理性思考能力就可渐渐恢复了。

描述法也许能帮助到你。比如，你可以这样描述，"这个茶杯是黄色的……他穿的毛衣是黑色的……"，数十至十二项物体的颜色，之后你会发现自己冷静多了。

其次，理智思考，替换非理性的"自发性念头"。

你要明白一点，真正让你产生不良情绪的，是我们的想法，而不是别人的行为。换句话说，不是发生了什么事，而是我们如何解释事件，才会决定产生的情绪。

例如，你可以告诉自己："我知道我的能力是极佳的，不会因为你一句话而影响我。"这样进行自我暗示，愤怒自然就无处可生，而会被其他情绪所替代了。

最后，你可以使用建设性的内心对话。

既然想法是导致情绪的主因，客易动怒的人就应该加强内心的想法，准备一些建设性的念头以备不时之需，"不论如何，我都要平静地说，慢慢地说。""我不该生气，生气就等于暴露了自己。"等。

在控制住冲动的情绪后，我们还要重新思考，努力打开心结。为什么会有冲动的情绪，为什么自己不能从一开始就看开点，为什么不能很好地控制情绪，这样做才能从源头遏制冲动。

可见，遇事先告诉自己要三思而后行是转移激动情绪的有效方法，你应反复告诉自己，千万别立刻发泄，否则就会“伤”了自己，也会伤害他人。

总之，生活中令我们激动的事情实在太多了，我们必须做到自控，最有效的做法就是先让自己放慢速度，在冲动前先冷静三分钟，而不是给自己加速（比如应激反应）。“三思而后行”就是让你慢下来。

你的“估计”真的那么准吗

博弈论中，有个著名的酒吧博弈，它是1994年由美国斯坦福大学经济学教授阿瑟教授提出来的。酒吧问题是这样的。

在一个小镇上，有这样一个酒吧，它每天能容纳的人数是60人。当然，如果人们愿意挤一挤的话，可以容下更多的人，但很明显，这样会让以休闲为目的的人们变得不舒服。而这个小镇上共有100人，一到周末人们的娱乐方式不是宅在家里，就是去酒吧消遣。对他们来说，只有酒吧人数小于或者等于60人的时候，他们相处起来才最和谐，才能享受到最好的服务。

第一次，人们没有对去酒吧的人数作出估算，大部分人都去了酒吧，导致酒吧人数爆满，他们没有享受到应有的乐趣而抱怨。

第二次，在吸收了前一次的教训以后，很多人宁愿宅在家里，也不去酒吧娱乐。事后，当他们得知这次去酒吧的人很少，于是他们又后悔了：这次该去的呀。

到底是去不去酒吧，这对于小镇上的人来说是个苦恼的问题。

酒吧问题是个典型的动态博弈问题。这里，我们对所研究的问题进行条件限制：在这100个参与者中，他们之间是不会进行信息交流的，也就是说，去不去酒吧他们不会商量。接下来，他们就会面临这样一个问题：100个人中，如果预测去酒吧的人超过60，那么，他们势必会反其道而行之，最终选择不去酒吧；反过来，如果预测去酒吧的人少于60因而去了酒吧，那么去的人就会很多。

很明显，从这个问题中，我们可以发现，一个人要对某个问题进行正确的评估和预测，就要首先了解其他参与者的选择。而在无法预测的情况下，人们只好根据过去的经验来预测未来，然而，最终的结果是，单凭过去的经验决定周末去不去酒吧，往往并不可靠。其实，我们在决策时，何尝不是如此呢？太过相信经验，我们只会限制自己的思维，甚至判断失误。

英国学者贝尔纳曾说：“构成我们学习最大障碍的是已知的东西，而不是未知的东西。”从这句话中，我们就能看出固有的经验、知识对人们求知的限制作用。不难发现，在日常生活中，人们会敬重那些经验丰富和资历老者，因为他们代表着权威，能为我们现下的困难给出具体的指导意见。然而，在积累经验的过程中，他们也会形成一些僵化、固定的思维。而那些敢于坚信自己判断力的“初生牛犊者”则成了第一个吃螃蟹的人。我们先来看下面一个故事。

在美国加州，有一家老牌饭店——柯特大饭店。

这家饭店的老板准备筹建一个新式电梯，重金聘来世界各地的著名建筑师和工程师，希望他们能一起解决这个建筑问题。

不得不承认的是，这些建筑师和工程师们的经验是丰富的，他们根据自己的经验提出，要改造电梯，饭店就必须停止营运，而这一点实在让老板很苦恼，这意味着饭店将要遭受经济上的损失。

他问：“难道就真的没有别的方法吗？”

“是的，我们一致认为，再也没有比这更好的方法了。饭店要停止

营运半年，对于经济上的损失，我们也很难过……”建筑师和工程师们坚持说。

就在老板为此头疼的时候，一个年轻的清洁工说出了惊人的话：“难道非要把电梯安在大楼里，外面不可以吗？”

“多么好的方法啊！我们怎么没有想到呢？”工程师和建筑师听了，顿时诧异得说不出话来。

很快，这家饭店采用了年轻人的设想——屋外装设了一部新电梯。这就是建筑史上的第一部观光电梯。

这位年轻的清洁工为什么能提出与众不同的解决难题的方法？因为他能跳出专家们的固定思维。的确，在建筑师工程师、们看来，电梯就应该安装在房间内部，却想不到电梯也可以安装在室外。

事实上，生活中很多人在解决问题的时候，都听从了所谓“经验”的摆布。问题不在于他们的技术高低、学识多寡，而在于他们突破不了固有的思维方式。工程师和建筑师被专业常识束缚住了，而清洁工的脑子里没有那么多条条框框，所以才会想出令专家们大跌眼镜的妙招。

然而，在现代社会中，人们都应该摒除生搬硬套和墨守成规这两点，学会突破你才能有所收获。

具体来说，你需要做到。

1.多思考，敢于提出质疑

思考是提出质疑、发现新问题的前提，也是帮助我们找到真理的唯一途径。许多非常成功的人，都是善于思考的。牛顿通过对苹果落地现象的质疑，产生了关于重力的思想。爱因斯坦通过对太阳的质疑，产生了关于相对论的思想。爱迪生因为最爱向老师“问为什么”，而成为伟大的发明家。要知道，一个不善思考的人又怎么能否定固有经验和思维从而有所突破呢？

2.大胆地说出自己的想法

你要敢于说出自己的想法，遇到问题要敢于打破常规，发挥自己的想

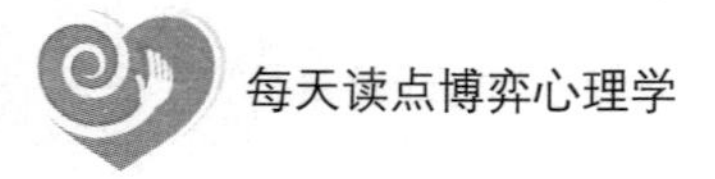

象力，敢于提出不同的答案和见解，久而久之你就能培养出不被经验束缚的思维习惯了。

3.不要让理论知识束缚手脚，否定自己的能力

面对一项新的工作，一个人如果对有关知识了解不深，他会说："做做看。"然后着手埋头苦干，拼命地下功夫，结果往往能完成相当困难的工作。但是有知识的人，常会一开头就说："这是困难的，看起来无法做。"这实在是划地自限，且不能自拔的想法。

总之，经验、资历在具备让我们少走很多弯路这一积极影响的同时，还具有一定的负面作用，那就是影响我们的判断，如果我们想破除经验、资历给我们的思维带来的负面作用，就要做到敢于自我否定，摒除观念思维、经验主义等主观定式，不要给自己的思维套上枷锁。

好心情助你跨越障碍

哲人说，太阳底下所有的痛苦，有的可以解决，有的则不能，如有就去寻找，如不能就忘掉它。天有不测风云，人有旦夕祸福。我们应该学会承担生活的不如意，而不是一遇到困难就心情烦躁。当然，每个人的自控能力不是一下子就能形成的，调整好心情也需要一个过程。

从前，有一对孪生姐妹，姐姐嫁给了一个有钱人，过上了锦衣玉食的生活，但她似乎并不快乐。妹妹则嫁给了一个豆腐作坊的穷人。有一天，闲来无事的姐姐想去看看妹妹过得怎么样。来到妹妹家，她看到妹妹正在辛勤劳作，但却还唱着歌儿。姐姐恻隐之心大发，说："你这样辛苦，只能唱歌消烦，我愿意帮助你，让你们过上真正快乐的生活，谁让我们是姐妹呢？"说完，她将一大笔钱送给妹妹。

这天夜里，姐姐回到家后，躺在床上想："妹妹不用再这么辛苦做豆腐了，她的歌声会更响亮的。"

第二天一早，姐姐又来到作坊，但却听不到妹妹的歌声了。她想，妹妹可能激动得一夜没睡好，今天要睡懒觉了。

但第三天，还是没有歌声。姐姐好奇怪。就在这时，妹妹拿着姐姐给自己的钱，着急地对姐姐说："我正要去找你，还你的钱。"

姐姐问："为什么？"

"没有这些钱时，我每天做豆腐卖，虽然辛苦但心里非常踏实。每天晚上，能和丈夫、孩子一起数今天赚了多少钱。而自从拿了这一大笔钱，我和丈夫反而不知如何是好了——我们还要做豆腐吗？不做豆腐，那我们的快乐在哪里呢？如果还做豆腐，我们就能养活自己，要这么多钱做什么呢？放在屋里，又怕它丢了；做大买卖，我们又没有那个能力和兴趣，所以还是还给你吧！"

姐姐非常不理解，但还是收回了钱。第二天，当她再次经过豆腐坊时，听到里边又传出了小夫妻俩的歌声。这时，她似乎知道为什么妹妹过得比自己幸福了。

听完这个故事，可能有些人会有所感悟。的确，金钱、权利、地位都不是我们幸福的源泉，换个思维方式，专注、体会身边的幸福生活并不断感悟，我们的幸福指数会不断上升。

美国的一位心理专家说："我们的恼怒有80%是自己造成的。"而他把防止激动的方法归结为这样的话："请冷静下来！要承认生活是不公正的。任何人都不是完美的。任何事情都不会按计划进行。"然而，在现实生活中，却有一些人特别容易情绪化，遇喜则喜，遇悲则悲，如遇不满甚至破口大骂，很多不文明的举动相继爆发出来。事实上，在日常工作和生活中，令我们生气的事实在太多，根本不必要去愤怒，我们大可以把关注的视角放在事物的另外一个方面，对这一方面的联想往往能使我们心平气

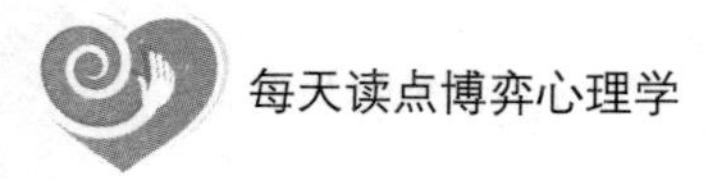

和下来，长此以往便能修炼良好的心性。所谓心性，其实就是一个人的善恶成分，好与坏、正确与错误，如何判断自我与外界关系的一种综合反映。

事实上，心性好坏与否，对于他人而言所产生的影响力倒是次要的，它最严重的是对个人心态的影响。而个人心态直接影响的是个人的命运、成败得失、是否幸福等。

可见，心性健康人的眼里都是美好的事物，比如阳光、欢乐、温暖、健康，当他们遇到危险的时候，会有回避的能力。因此，他们愿意并且有能力把日子过得顺心，就是遇到挫折也能自我调整，能较自然地处在一种对事物的全面理解中。相反，那些心性不好的人，因为他们关注的视角不同，他们的生活是不幸福的。

具体来说，你可以这样做。

1.积极的语言暗示

日常生活中，我们运用语言的情况多半是与人交谈，而其实上语言还有其他很多功用，其中就包括心理暗示，语言暗示对人的心理乃至行为都有着奇妙的作用。

为此，当你心有不快，想要通过发火的方式来发泄时，你可以通过语言的暗示作用来调整自己，以使自己的不快得到缓解。达尔文说过：“人要是发脾气就等于在人类进步的阶梯上倒退了一步。愤怒是以愚蠢开始，以后悔告终。”比如，你的朋友做了伤害你的事，你很想找他理论，并将他骂一顿。那么此时，为了不让事情发生严重的后果，你在冲动前可以告诉自己：“千万别做蠢事，发怒是无能的表现。发怒既伤自己又伤别人，还于事无补。”在这样的一番提醒下，相信你的心情会平复很多。

2.放松、调整自己

在生活中，你总会遇到一些令你不快的事，憋在心里只会让自己心情更郁闷。此时，你可以找个发泄的方式，但一定要注意你的发泄是否会

影响他人。因此，最好的方法就是到一个无人的地方大喊几声，或者去从事一些体力劳动如去操场锻炼身体，当你的这些心理压力通过身体上的能量转换成汗水以后，你会发现心情好很多，气也就顺些了。当你生气的时候，你也可以拿出你的小镜子，看看生气时候的你是多么难看。那么，不如笑笑，我笑镜中也笑，苦中作乐，怨恨、愁苦、恼怒也就没有了。

另外，你可能会认为，一个坚强的人就应该始终不能哭，因为哭是懦弱的表现，而其实并不是如此，在过度痛苦和悲伤时，哭也不失为一种排解不良情绪的有效办法。哭不仅可以释放身体内的毒素，还能释放能量，调整机体平衡。在亲人和挚友面前痛哭，是一种真实感情的爆发，大哭一场，痛苦和悲伤的情绪就减少了许多，心情就会痛快多了。所以说流眼泪并非懦弱的表现。该哭当哭，该笑当笑，但要把握好一个度，否则会走向反面。

3.自我激励，原谅对方

激励是人们精神活动的动力之一，也是保持心理健康的一种方法。当周围的人让你生气时，你不妨自我激励，告诉自己，如果我原谅他了，我的品质又提升了一步，自然就压制住了要发火的倾向。

4.创造欢乐法

心绪不佳、烦恼苦闷的人，看周围一切都是暗淡的，即使看到高兴的事，也笑不起来。这时候如果想办法让自己高兴起来，一切烦恼就会丢到九霄云外。笑不仅能去掉烦恼，而且可以调解精神，促进身体健康。

历练自己，塑造更强大的自我

一个人的心理素质优劣、心理健康与否都事关他在人生路上是否能获得成功。在心理学上，心理素质属于意志品质的一个方面。它与意志品质的其他方面，如主动性、自制力、心理承受力等有一定的关系。一个人若心理素质较好，那么他会把痛苦的感觉或某种情绪长时间地抑制住、不使其表现出来，心理素质好的人，会跌倒了再爬起来，这样力量也在一次次地跌倒和爬起中不断增长。

而这种心理素质，毋庸置疑，是在正确地自我博弈之后应该取得的结果，因此，每个人都应该历练自己，进而塑造更强大的自我。我们先来看看著名棒球运动员杰克·沃特曼的故事。

“我退伍后加入了职业球队，但不久便遭到有生以来最大的打击，我被开除了。因为我的动作无力，因此球队的经理有意要我走人。他对我说：‘你这样慢吞吞的，哪像是在球场混了20多年。杰克，离开这里之后，无论你到哪里做任何事，若不提起精神来，你将永远不会有出路。’本来我的月薪是175美元，离开之后，我参加了亚特兰大球队，月薪减为25美元。薪水这么少，做事当然没有热情，但我决心努力试一试。待了大约10天之后，一位名叫丁尼·密亭的老队员把我介绍到罗杰斯曼顿镇去。在罗杰斯曼顿镇的第一天，我的一生有了一个重大的转变。我想成为德克萨斯最具热情的球员，并且做到了。

我一上场，就好像全身带电一样。我强力地击出高球，使接球手的双手都麻木了。记得有一次，我以强烈的气势冲入三垒，那位三垒手吓呆了，球漏接了，我竟然击垒成功了。当时气温高达华氏100度，我在球场上奔来跑去，极有可能中暑而倒下去。

这种热情所带来的结果让我吃惊，我的球技出乎意料地好。同时，由于我的热情，其他的队员也都兴奋起来。而且，我也没有中暑，在比赛中和比赛后，我感到自己从来没有如此健康过。第二天早晨我读报的时候异常兴奋。《德克萨斯时报》说：‘那位新加入的球员，无疑是一个霹雳球手，全队的其他人受到他的影响，都充满了活力。他们不但赢了，而且是

本赛季最精彩的一场比赛。’由于对工作和事业的热情，我的月薪由25美元提高到185美元，多了7倍。在后来的2年里，我一直担任三垒手，薪水加到当初的30倍之多。为什么呢？就是因为一股热情，没有别的原因。”

古人云，哀莫大于心死，一个人如果心理素质差，接受不了任何打击，那么他就无法燃烧继续前进的热情，最终主动失败，而杰克·沃特曼之所以能创造出一个个奇迹，就是因为他拥有一颗强大的心，即使遭到打击，依然充满热情。而他的这一心理素质，正是我们每个人应该学习的。为此，我们需要明白：

1.认识打击、挫折、逆境的必然性

人生活在社会上，由于自然因素和社会因素，不可能全是掌声和鲜花、成功和荣誉，更多的是泪水和挫折，比如天灾、人祸、疾病、朋友的背信弃义、理想的突然破灭等，只有树立正确的挫折观，才能增强自己的抗挫折能力。

2.学会用正确的方式发泄自己的受挫感

受挫后，适度的“劳累”会有利于心理健康。如徒步、爬山、逛公园等都是很好的锻炼身体的方法，能从中体验到劳累，体验到艰辛，知道生活中只有有所付出，才会有所收获。

3.用名义事迹激励自己

你可以用一些走出困难和挫折的名人事迹激励自己。

李国豪教授是我国在力学、桥梁方面的专家，“文革”期间，他被隔离了，在隔离室里，没有纸笔，也没有资料，但是有报纸，于是报纸的白边、中缝成了他演算的天地，妻子的发夹、孩子的乒乓球网成了他的实验工具。

在隔离期间，他经常被带出去审讯，但就在这样的环境下，他居然顶住了各方面的压力，写出了一本长达十万字的专著《桁梁扭转理论——桁梁桥的扭转、稳定和震动》，填补了一项世界桥梁建筑学上的空白。

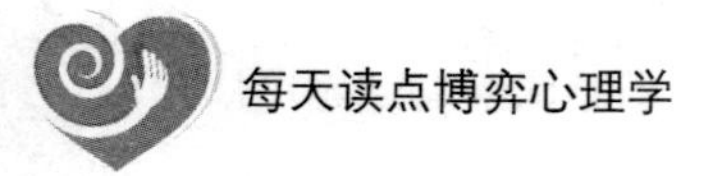

而如果你本身承受能力就较弱，应该学会确立切合实际的目标，制订由低到高，由易到难的计划，这样才能不断地看到自己的进步，从而逐步形成克服困难和挫折的能力。

人们常说，生活就像海洋。只有意志坚强的人，才能到达彼岸。的确，有时候挫折的出现并不是坏事，它能让一个人变得强大。这个简单的道理虽然每个人都懂，但说到畏惧困难，似乎那些刚出世没多久的小孩反倒比大人勇敢。孩子们敢和鳄鱼拥抱，和巨蟒共舞。因为无惧，所以无畏。所以，在自我博弈中，意志薄弱者，最终都会与成功无缘，而不断历练自己，你才会更强大。

第4章

拉近距离，快速与陌生人谈笑风生的心理博弈

与人交往，我们都希望给他人留下一个好印象。要做到这点，我们不但要从外在形象上入手，更要学会说话、办事，这都属于博弈心理学的范畴，只要我们能让彼此之间产生心理共鸣，让对方与我们站在同一阵营中，那么也就获得了“特许”，交到了朋友。但这种心理认同感，还要经过细心地强化，才能巩固彼此之间的关系。

多提彼此之间的共同点，拉近心理距离

在博弈心理学中，我们要学的重要一课就是学会与陌生人打交道。的确，与陌生人谈话是交际的一大难关，处理得好，可以令人觉得一见如故，相见恨晚；处理得不好，便会导致四目相对，局促无言。其实，人与人之间在性情和志趣上虽然存在差异，但也有相同之处。从心理学角度看，相同则相通，共同的兴趣和爱好能将人拧在一起，共同的目标和志向能使人走到一块。所以，我们在与陌生人交谈的时候，能不能让对方和自己产生一见如故的感觉，关键就在于双方是否能在相同之处产生“共鸣”。只有这样，才能操纵陌生人的心理，与陌生人迅速熟络并建立友谊。

事实上，一个深谙博弈策略的人，更是一个心理分析师，他们善于运用心理策略，总能找到共同的话题，和对方产生共鸣，哪怕是刚见面的陌生人，也能与其很顺利地进行沟通，这就是人们常说的“自来熟”。

因此，与陌生人交谈，我们应该多看别人与自己的共同点，而不应该去计较与自己不同的方面。只有这样，才能跟人“合群”，才能叩开对方心灵的大门。

在一个旅店就发生过这样一幕。

旅客甲放下旅行包，稍拭风尘，冲了一杯浓茶，边品边研究起旁边的旅客乙：“师傅来了好久？”

“比这位客人先来一刻。”旅客乙指着正在看书的另一位旅客回答。

“听口音不是苏北人啊？”

“噢，山东枣庄人。”

“啊，枣庄是个好地方啊！我在读小学时就在《铁道游击队》连环画上知道了。三年前去了一趟枣庄，还颇有兴致地玩了一遭呢。”听了这话，那位枣庄客人马上来了兴趣，二人从枣庄和铁道游击队谈开了，那亲热劲儿，不知底细的人恐怕要以为他们是一道来的呢。

接着就是互赠名片，一起进餐，睡觉前双方居然还在各自身边带来的合同上签了字：枣庄客人订了苏南某人造革厂的一批风桶；苏南客人从枣庄客人那里弄到一批价格比较合理的议价煤。

在这场交谈中，旅客甲与旅客乙的相识、交谈与签约，就在于他们找到了对“枣庄”“铁道游击队”都熟悉这个共同点。正是因为这个共同点，让这对陌生人产生了心理共鸣，产生一见如故的感觉。

从这一事例中，我们发现，要想打动陌生人的心，就必须抓住双方的相似点说话，让对方从心里把你当自己人。我们可以从以下几个方面寻找共同点，针对不同的共同点，采取不同的表达方式。

1.以话试探，侦察共同点

为了打破与陌生人交谈的沉默局面，开口讲话是首要的，有人以招呼开场，询问对方籍贯、身份，从中获取信息；有人通过听口音、言辞，侦察对方情况；有的以动作开场，边帮对方做某些急需帮助的事，边以话试探；有的甚至借火吸烟，打开交际的局面。这些试探的方式，都能迅速找出与对方的共同点，然后围绕此共同点迅速和陌生人展开话题。

2.听人介绍，猜度共同点

你去朋友家串门，遇到有生人在座，作为对于二者都很熟悉的主人，会马上出面为双方介绍，说明双方与主人的关系，各自的身份、工作单位，甚至个性特点、爱好等，细心人从介绍中马上就可发现对方与自己的共同之处。

而这个共同处，就是你打开陌生人心扉的突破口。你要迅速抓住这个突破口，展开交谈。这当中重要的是在听介绍时要仔细地分析认识对方，发现共同点后再在交谈中延伸，不断地发现新的共同关心的话题。

3.揣摩谈话，探索共同点

为了发现陌生人同自己的共同点，可以在其同别人谈话时留心分析、揣摩，也可以在对方和自己交谈时揣摩对方的话语，从中发现共同点。比如，假如你发现有人和你讲共同的家乡话，你可以以此为突破口，以乡音带动对方的谈话兴趣，使陌生的路人变为熟人，甚至发展成为朋友。

4.察颜观色，寻找共同点

一个人的心理状态、精神追求、生活爱好等，都或多或少地会在他们表情、服饰、谈吐、举止等方面有所表现，只要你善于观察，就会发现你们的共同点。当然，通过察颜观色发现的东西，还要同自己的情趣爱好相结合，只有自己对此也有兴趣，打破沉寂的气氛才有可能。否则，即使发现了共同点，也会无话可讲，或讲一两句就“卡壳”。

另外，我们在与陌生人说话的时候，还要懂得求大同存小异的道理，把相互间相左的性格特点放在交谈的次要位置。譬如，交际的双方都有文学爱好，喜欢写文章，但双方却存在着较大的个性差异。在这种情况时，就要选择前者作为交际的出发点，以共同的爱好来产生“共鸣”。若丢弃了共同的爱好而在不同的个性上去互相指责或计较，就会使本该合得来的双方变得“合不来”。

总之，人与人之间，一定有许多相同的地方。或者是共同的兴趣爱好，或者是在籍贯、经历方面有相似的地方，这都是产生共鸣的来源。只要你多花些心思，多一些锻炼，肯定能够找得到。

先提提你的小秘密，换取对方信任

每个人都有闺蜜或者死党，还记得你们是如何结成友谊的吗？你一定不能否认一点，那就是交换秘密。当一个人想与另外一个人建立特别亲密的关系时，最直接的办法就是分享秘密。当彼此互诉衷肠以后，你们就敞开心扉了。

的确，人与人之间之所以由陌生人成为朋友，就是因为情感的共鸣。人际关系的疏近，是与其交谈的话题有一定关系的，关系越密切，所谈话题越个人化、私密化。但交谈之初，交往双方往往是心存芥蒂的，而这对于整个交流无疑是毫无益处的，此时，如果我们能主动跨出交往的第一步，向对方透露自己的一些私事，那么便能给对方一个心理暗示：我们之间关系很好，你可以向我倾诉你的心事。

事实上，那些深谙博弈心理学的人都懂得在与人交往中袒露心声和秘密的重要性，我们先来看看下面的案例。

已经是下班时间了，办公室里空空荡荡的，只有刘艳和李云还没有走。刘艳开始打电话："你在哪儿呢？什么时候回家啊？……可是……我都买好菜了……好吧……就这样吧！"挂了电话，刘艳的眼眶湿润了，心里像办公室一样空落落的。今天是她结婚七周年纪念日，可是老公不仅忘记了，而且连晚饭都不回家吃。刘艳已经记不清楚有多少夜晚是自己独自一个人度过的了。

"怎么了？"一双温暖而干燥的手搭在刘艳的肩膀上，原来是新来的李云，除了刘艳之外，办公室里就只有李云了。刘艳牵强地动了一下嘴角，说："都下班了，你怎么还不回家？"李云不屑地撇了撇嘴巴，说："家？要是家里就我自己一个人，还能算家吗？还不如待在办公室里心里清静呢！"

刘艳看了看面前的这个三十多岁的女人，尽管同事们都说她很难相处，但是，此时此刻，刘艳分明从李云的脸上看到了一种和自己相似的落寞。看到别人也有落寞，刘艳反倒放松了，她蹭地站起来，大声说："咱们一起去吃韩国烤肉吧，我请客！"想不到，结婚纪念日居然要和一个刚刚认识的同事一起度过，刘艳不禁讽刺地笑了笑。直到酒过三巡，刘艳才和李云说今天是自己结婚七周年的纪念日。想不到，李云一点儿也不感到惊讶，反而说自己的好几个结婚纪念日也是一个人度过的。

刘艳愣住了，泪水突然一串串地滚下来。在一个和自己有着相似经历的人面前，她彻底崩溃了，把自己心里的苦闷一股脑儿地说了出来。

夜深了，李云把俨然已经喝多了的刘艳送回了家。工作这么多年来，刘艳从来没有把任何同事带到自己的家里，因为她觉得家是只属于亲人的地方。但是，就是吃一顿饭的工夫，刘艳已经把李云当成了自己最要好的朋友。

在这则故事里，是什么让这两个刚认识不久的女人成为朋友？是相同的经历。交谈之初，刘艳并没有打算向李云讲述自己的心事，但一听到李云有着和自己相同的难处，便敞开了心扉。

随着社会的进步，人们越来越渴望交往，交往的形式也日趋多样。但无论是哪一种社交形式，都需要交谈双方的主动意愿，都要起到传递信息、交流感情的作用。可是，又是什么能带动交谈双方吐露心声呢？很简单，答案就是"秘密的交换"。在交流中，如果你能主动先透露自己的"秘密"，那么就很容易赢得对方的信任，对方也就愿意向你袒露心声。

其实，我们会发现，那些"趋于完美""毫无瑕疵"的完美主义者，似乎总是"曲高和寡"，并没有太多的朋友。可以说，越是苛求完美，人际关系也越差，因为这些人虽然优秀，但不可爱。会让人产生一种敬畏和猜疑心理，而不愿与之深交。在与陌生人交谈的过程中也是如此，那些表现得十分完美的人，人们往往敬而远之；相反，适度表达"秘密"和缺

陷，反而可以赢得关注。

那么，在日常生活中，我们该如何通过交换秘密来让对方敞开心扉呢?

1.适度自曝短处

在闲暇时，你可以和同事闲聊自己曾经失败的事，这比谈自己成功的事，更易拉近彼此间的距离。因为老是炫耀自己成功的光荣事情，容易让人产生反感，而留下不好的印象。而说说自己的短处，这样首先在态度上我们已经示弱并表示了友好，对方没有不接受的道理。

暴露自己，要达到让对方产生如“这个人有点小缺点，但是其他方面挑不出毛病来，是个相当不错的人”类似的想法。然后，对方也会时不时地向你“爆料”一些个人私事，甚至愿意把你当成知心朋友。

2.把握暴露秘密的度

我们不妨选择暴露那些不会影响自己整体形象的“小事件”或者“小缺点”“小毛病”等，正因为这些小瑕疵的存在，我们会显得更真实，更可爱。提倡“自我暴露”，并不是让你把自己的“老底”都揭给对方看，不分场合和对象地将自己“暴露无遗”。

总之，学会以上两点心理博弈的策略，在与难以相处的人打交道时你会更有效率，而且你会发现这些人似乎不那么难以相处了。与此同时你也提高了与人沟通、人际交往的能力。

举手之劳，帮助他人能获得友谊

在博弈心理学中，我们都知道，人要达到自己的博弈目的，重要的一点就是赢得他人的好感，史蒂夫·鲍尔默曾经说过：“责任感，就是成就神话的土壤和条件。”当你经营人脉的时候，什么才是你最重要的责任呢？答案很简单，那就是主动帮助别人，不断地帮助别人，尽你所能地帮助别人。如果你和交际对方有继续交往的愿望，你不妨试试这种办法。很多男性追求女性的时候，一般会不遗余力地帮助对方，就是这个道理。

小何是北京某网络运营公司运营助理，经理是个小心谨慎的人，公司运营的也一直还可以，所以小何的工资每年都在涨。他很感激经理给了他这样一个平台，所以即使偶尔经理会骂他几句不中听的话，他也毫不在意。因为他知道，经理是为了他好。

但世事难料，公司一个秘书带走了所有的客户资料跳槽了，转眼间公司陷入了瘫痪的状态。经理心急如焚，公司一些员工在前秘书的动员下，开始收拾行囊都跳了槽，剩下一些员工，也是因为没有去处，不得不留下来的。公司面临倒闭的危险，大家都看经理会用什么办法解决，很多人说："这下子都是将死的蚂蚱了，再努力也没用了。"经理听到有人这样说，更是泄气了，甚至他已经开始考虑怎样把公司转手。这时候，小何敲开了经理办公室的门，对经理说："就是您只剩下我这么一个下属，我也会为您全力效劳，您永远是我最尊敬的经理，您不要泄气，我们一定能挺过来的。"听了小何一番话，经理感觉整个人找到了目标，在小何的帮助下，他重新联系以前的客户，挖掘新客户，公司起死回生，大家都说小何是公司的救星。经理感激地说："即使我身边还有一个人可以信任，那就是小何。"每每听到这话，小何都感到很欣慰。

案例中，小何是一个有远见的下属，他给深陷困境的公司领导以慰藉和鼓励，让领导重新振奋精神，走出困境。人往往在落难时更容易记住别人的好，小何的领导就记住了他的好，会永远信任他。

韩信年少时父母双亡，日子过得很艰难，常常没饭吃，只好到城下淮水边钩鱼，钩到了可以卖几个钱，钓不到就饿肚子。淮水边上有一群漂洗丝絮的老大娘，各自带着饭篮在这里干活。其中一位大娘见韩信饿得有气无力，就把自己的饭分给他吃，一连几十天都这样。韩信非常感激，对大

娘说：“我将来一定要好好报答你。”大娘却生气地说：“我是看你可怜才送饭给你吃，哪图什么报答！”韩信后来受汉高祖刘邦赏识，拜为大将，在楚汉战争中为汉高祖得天下立下赫赫战功，与张良、萧何合称“汉兴三杰”，韩信功封楚王。楚地本是韩信的故乡，他有恩报恩，设法找到了当年那位漂絮大娘，对她谢了又谢，送给她一千金作为报答。大娘并不图这许多钱，但推辞不得，只好领谢而去。

漂母当初出于慈悲心，将自己的饭分给韩信吃，却得到了发达后的韩信的重金酬谢。这就是“一饭之恩”的故事，它告知人们要知恩图报，但从另外一个意义上讲，我们要想得到别人的“报答”，首先要“施恩”，尤其是对那些落难之人。

我们在与人交往的时候帮助他人，对方会在心里感激你，这样你给对方的印象就会越来越好，你的攻心术也就成功了，但帮助他人的时候，我们该注意些什么呢?

1.合乎时宜

我们帮助他人，要学会相机行事、适可而止。这里的适宜指的是“时间”问题，在对方求助无门的时候出手，更容易让对方对你心怀感激。

2.雪中送炭

俗话说：“患难见真情。”最需要帮助和鼓励的不是那些早已功成名就的人，而是那些因被埋没而产生自卑感或身处逆境的人。他们不仅需要物质帮助，还需要精神鼓励，如果我们能雪中送炭，并在他不断努力的过程中对他不离不弃，你交到的将是一生的患难之交。

3.小处落墨

在日常生活中，我们给人提供帮助的时候，要从具体的事件入手，越小的事件越好，因为这样可以体现出你的细心和诚意，给予的快乐愈翔具体，说明你对对方愈了解，对他的长处和成绩愈看重。让对方感到你的真挚、亲切和可信，你们之间的人际距离就会越来越近。

4.帮助他人也要注意姿态

在人际交往中，我们会遇到一些类似好好先生的人，然而人们并不太喜欢好好先生，甚至不会发自内心尊重这些人。如果我们对人过分好，会给受惠方一种“我是弱者”的感觉。因此，我们在给人好处、对人付出尤其是帮助他人的时候，要放低姿态，要让对方在一种双方平等的心态下接受我们的帮助。

5.给对方一个回报的机会

心理学家霍曼斯早在1974年就提出人与人之间的交往本质上是一种社会交换，这种交换同市场上的商品交换所遵循的原则是一样的，即人们都希望在交往中得到的不少于所付出的。但如果得到的大于付出的，也会令人们心理失去平衡。

这给我们的启示是，我们要想让他人达到一种心理平衡，在付出的同时还要给对方一个回报的机会，使对方不至因为内心的压力而疏远了双方的关系。而“过度投资”，不给对方喘息的机会，就会让对方的心灵窒息。留有余地，彼此才能自由畅快地呼吸。

总之，与人交往、主动帮助他人是一种博弈技巧，若能掌握这种技巧，感化他人，就能迅速拉近彼此间的心理距离。

言语中多说“我们”，表达你们是自己人

生活中我们常常发现，同样一个观点，如果是自己喜欢的人说的，接受起来就比较容易。如果是自己讨厌的人说的，就可能本能地加以抵制。有道是：“是自己人，什么都好说；不是自己人，一切按规矩来。”这在心理学上叫作“自己人效应”。

与人交往中，我们要想与他人搞好关系，就不能不强化“自己人效应”。强化“自己人效应”，从你这个角度而言，就是要使他人确认你是他们的“自己人”。

1858年，林肯在竞选美国上议院议员的时候，在伊利诺伊州南部进行演说。那时蓄养黑奴的恶霸们对废奴主义者非常仇恨，当然对林肯到此做反对奴隶制的演说恨之入骨，并发誓只要他来就置他于死地。演说之前，林肯说：“南伊里诺伊州的同乡们，肯特基的同乡们，听说在场的人群中有些人要和我作对，我实在不明白为什么要这样做，因为我也是一个和你们一样爽直的平民，那我为什么不能和你们一样有着发表意见的权利呢？好朋友，我并不是来干涉你们的人，我也是你们中间的一人，我生于肯特基州，长于伊里诺伊州，正和你们一样是从艰苦的环境中挣扎出来的。我认识南伊里诺伊州的人和肯特基州的人，也想认识密苏里的人，因为我是他们中的一个……”

这里，林肯根据听众的情况，通过简短的几句话就将自己和听众联系在一起，让听众产生“认同感”，他的话竟把可能面对的敌对怒视变为大声喝彩，据说还有打算与他作对的听众成了他的好朋友。

这里，林肯运用的就是心理学常用的“自己人效应”。

通常来说，人们在接触陌生人的时候，都是抱有防备心态的，如果我们在正式交往之前先做个“热身运动”，向对方表达与之共同的爱好、兴趣或者价值观等，那么更容易获得他的好感，接下来的交流也就容易得多。

徐晓林在一家大银行供职。有一次，经理让她准备一份有关某金融机构的秘密文件。徐晓林了解到，只有一个人掌握着她所急需的情报，这个人就是某大公司的总经理。于是，徐晓林前去拜访他。

当徐晓林好不容易说服了秘书，答应为其引见时，秘书却很为难地说：“听说他正在收集邮票。可是今天他没收集到，所以很沮丧。”

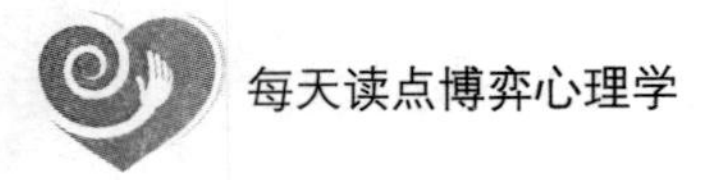

徐晓林说明了来意，开始提问。但那位总经理显得心不在焉，无心对徐晓林透露半点情报。徐晓林愁眉苦脸地离开后，绞尽脑汁地想如何能够得到那些情报，突然，她想起一件事，自己的儿子不是也在收集邮票吗?要是拿新推出的某个玩具和他换，应该不是问题。

果然，她的儿子答应了这笔“交易”。

第二天下午，徐晓林带着邮票去拜访那位总经理。总经理满脸喜悦地接待了徐晓林，接下来的一小时，他们都在谈论邮票。之后，总经理主动把他所知道的都告诉了徐晓林，并把自己拥有的文件资料也给了徐晓林。

在这则故事中，徐晓林是怎么给这位总经理留下好印象的呢？很简单，因为邮票。徐晓林带着收集的邮票与其交谈，表明他们有共同的爱好——收集邮票，而且对方必定对徐晓林能忍痛割爱心存感激，自然也愿意帮助他。

与人交往之初，如果你能主动表明你和对方在价值观、态度、兴趣以及其他某些方面相近或者相同的话，那么就会让对方感觉你们是同一类人，进而能拉近彼此间的心理距离，最终形成良好的人际关系。

与人交谈中，你可以这样制造“自己人效应”。

首先，善于观察，捕捉对方的信息，把握真实的态度，寻找其积极的、你可以接受的观点。

其次，寻找时机，恰到好处地向对方表明你们是自己人。

1.多强调你们之间的共同爱好和兴趣

若与对方有共同点，就算再细微的也要强调，人与人之间一旦有了共同点，就可以很快地消除彼此间的陌生感，产生亲近的感觉。这样不但可以使对方感到轻松，同时也具有使对说出真心话的作用。

如果对方喜欢集邮，那么你可以对客户说：“我对邮票也非常有兴趣，可是一直不知道如何收集和分类，您能给我一些好的建议吗？”如果对方是个时尚女性，那么，她对服饰和妆容也应该会感兴趣。那就多谈这

些话题，如此一来，当你在跟对方沟通时就比较容易拉近关系。

2.多说“我”，少说“你”

为了能让对方觉得你和他是站在同一战线、是为了他好，你在说话的时候，不要总说“你应该……”，而应常说“我会很担心的，如果你……”。

3.分享对方的感受

无论对方是向你报喜还是诉苦，你最好暂停手边的工作，静心倾听。若边工作边听，也要及时做出反应，表示出自己的想法或感受，倘若只是敷衍了事，对方得不到积极的回应，他也就懒得与你交谈了。

4.多关心对方，从细节入手

懂得关心他人的人最容易获得好感。从另一个方面看，认同感的产生，表明你已经赢得了对方的好感。在通常情况下，如果你将这种好感搁浅，你们会返回到陌生人的状态。因此，你不妨多关心对方，这种关系自然会深化。

从他人的喜好入手

一般情况下，人们有这样一种心理倾向，即使他是一个对对方抱有警戒心的人，一旦发现与对方的共同点，对对方也不存在什么戒心了，多挖掘共同的兴趣爱好，彼此的交流会更愉快。这就是投其所好。在与陌生人交往的过程中，我们都应该掌握这一博弈心理学，你要想和陌生人一见如故，关键要在初次见面的交谈上下工夫。

拜访过罗斯福的人都惊讶于他的博学，因为无论你是政治家、哲学家、运动员、工人或小牛仔，他都能针对你的职业或特长与你交谈。其实这个道理很简单，当罗斯福知道访客的特殊兴趣后，他都会在前一天晚上预先研究这方面的资料，以此作为第二天交谈时的话题。因为罗斯福很清楚，抓住人心的最佳方法，就是谈论对方感兴趣的事情。

罗斯福这样做狡猾吗？不！谁不希望别人对自己最喜欢的事物感兴趣呢？说别人感兴趣的话，双方都会有收获，谈论别人感兴趣的东西能够很容易拉近彼此之间的距离。

史蒂夫·鲍尔默曾经对手下的经理说："不要成为一个喜欢泼冷水的人。"纽约著名银行家杜威诺则说："我仔细研究过有关人际关系的丛书后，发现必须改变交际策略，我决定先找出这个人的兴趣所在，然后想办法激起他的热忱。"

的确，任何两个初次见面的人，都处于一定的心理戒备状态，彼此之间都会存在心理距离，而社交的根本目的就在于打破这种心理隔膜，建立友谊从而达到更深层次的交际目的。而如何拉近彼此之间的距离，最重要的一点就是我们要懂得投其所好，制造出惺惺相惜的心理磁场，从而达成一种心理认同感。

在日常生活中，每个人都有自己的爱好和感兴趣的事，也都有自己擅长的事情，琴棋书画，养花种草，甚至一些不提倡的事情，比如抽烟、喝酒等。爱好是一个人的乐趣所在，就是通常意义上人们说的快乐一般情况下，为了获得这种快乐，人们都会愿意付出精力，甚至是情感的投入。如果你能在交往中投其所好，就会与其成为朋友，而相反，你若冲撞他人的爱好，轻则讨人嫌，重则让对方怒气冲天。尊重别人的爱好，可以赢得别人的喜欢，因此，在与人交往的过程中，我们要学会投其所好，当然首先要对对方的爱好有一定的了解，这才会为你们架起成功沟通的桥梁。

德国实业家哈根想向银行贷一笔款开发公寓，拜访了银行经理肖夫曼。

哈根："肖夫曼经理，您好，今天温布尔敦网球赛停赛，我就估计到在办公室准能找到您。"

肖夫曼："哈哈，对网球，哈根先生也有浓厚兴趣？"

哈根："好汉不提当年勇喽。年轻时，我还参加过温网赛呢，可惜第一回合就被淘汰了。"

肖夫曼："哦，原来是温网英雄。"

两人自然扯到网球球星的许多轶事来，这让肖夫曼觉得两人十分投缘，大有相见恨晚之感。最后，哈根如愿以偿，与银行达成了利率优惠的贷款协议。

哈根之所以能从银行顺利贷到款，是因为他预先了解到肖夫曼有个嗜好：网球。于是来了个"投其所好"，巧妙地打开了肖夫曼的话匣子，下面的业务问题就自然好谈得多。

"有缘千里来相会""话不投机半句多"，两个意气相投的人聚到一起，总会有说不完的话。因此，与陌生人交往，我们更应该细心观察，多寻找他的兴趣所在，这样谈话的时候，才能寻找出更多的共同点，达成共鸣并迅速拉近距离，增进情感。那么，具体该怎样去挖掘别人的兴趣和爱好呢？

1.从对方关心的对象谈起

交谈时如能从对方十分关爱的对象切入，也是一种投其所好的方式，有利于打开交谈局面。

2.从对方最深切的情缘谈起

交谈时，能从对方最深切的情缘切入，情深意切，往往能使其打开话匣子，达到交谈的目的。比如，你可以从对方的口音入手："您也是××地方的人吗？"

3.从对方"在行"的话题谈起

常言道，三句话不离本行。人们都喜欢谈论自己在行的话题，因此我们与人交流时，可以从他最精通的话题谈起，引发对方的谈话兴趣，唤起对方的成就感，让他觉得与你有共同语言，有"话逢知己千杯少"的感觉，交谈就会有好的结局。而对于你所熟悉的专门学问，对方不懂，也没有兴趣，就请免开尊口。

总之，与人沟通，要从心理的角度，及时抓住有力时机，投其所好，打开对方的话匣子。能做到这一点，交谈就成功了一半。

认真倾听，让对方做谈论主角

古人云："听君一席话，胜读十年书"。在现代交际中，倾听的作用尤为重要，倾听是人们建立和保持关系的一项最基本的沟通技巧，也是一种心理博弈技巧。英国管理学家威尔德说："人际沟通始于聆听，终于回答。"没有积极的倾听，就没有有效的沟通。

说话是一种权利，但倾听也是一种义务。美国的心理学家调查发现，一些职场精英平均时间分配是：9%的时间在"写"，16%的时间在"读"，30%的时间在"说"，45%的时间在"听"。可见，倾听意识的重要性。

人际交往的目的在于沟通，以此获得对方的好感。而只有用心倾听，我们才能获得说话者所要表达的完整信息，才能让说话者感受到我们的理解与尊重。用倾听向对方表达的是："我明白你的意思，我很理解你。"当我们与交际对方达成一种心理共识的时候，交际目的也就达到了。

唐薇是部门新上任的主管。公司按例每月要开个中高层会议，商议一些事宜，可能这样的会议早已经屡见不鲜，大多数领导已经把这种会议当成走形式，都很无所谓的。唐薇第一次参加这样的会议，不免准备充分，带上了纸笔，和她一起参加的，也有一些和她一起上任的新主管，看着唐微正襟危坐的样子，不禁都笑了。

这次主持会议的是董事长的得力助手。商讨的是公司的一些人事变动问题，其实，这类问题讨论也已经不是第一次了，无非是各个部门之间的一些主管、小领导之间职位的变更，大家都听厌了，只等通知就是，可是唐薇坐在后排，居然把这些人事变更的名字都记下了，而这些都被主持会议的董事长助手看在眼里，散会后，他让唐薇留了下来。

“为什么会上大家都无所谓，你却记下了这些名字呢？”

“因为，我觉得工作中一定要细心，我刚上任，以后肯定会麻烦这些前辈和领导，记下他们的名字才不会出错。”唐薇如实回答。

“小姑娘真的很细心啊，我们现在工作的状况是，很多人都倚老卖老，董事长让我每次开会，我多是硬着头皮去的，那帮人不把我放在眼里，我是有苦说不出啊。”说完，他长叹了一口气。

“这种会议的确不好开啊，毕竟与会的都是一些老将，不知当说不当说，其实，如果您尝试一些新的会议模式，倒是能激发大家的兴趣，比如……”董事长助手听完后，觉得十分有理，就采取了唐薇的建议，果然，每月的例会有了生机，而在助手的大力推荐下，唐微很快升到了部门经理的职位。

的确，任何人都希望得到尊重和支持，因此对于愿意认真倾听自己说话的人，自然会对其产生好感。唐薇就是这样获得董事长助手的器重的。

其实，沟通的过程无非就是听与说的过程。那么，首先我们就应该学会倾听，善于倾听，体现的不仅仅是一种理解，更能帮助我们掌握很多信息，这是赢得他人好感的关键。

倾听不仅是一种心理博弈策略，也是一种能力，戴尔·卡耐基认为：在沟通的各项能力中，最重要的莫过于倾听的能力。滔滔不绝的雄辩能力、察言观色的洞察力以及善长写作的才能都比不上倾听能力重要。

具体说来，我们在倾听他人说话时有以下几条要点。

1.保证你倾听的专注度

我们在倾听他人说话时，精力是否集中，不仅关乎到我们是否能真正理解对方话里的含义、是否能发现一些细节性问题，更体现的是对对方的谈话是否在意。

这时，你要做到身体往前倾，直接面向对方，将注意力集中在他的脸、嘴和眼睛上，这不仅是一种尊重，更是表明你在认真倾听，就好像你要记住他所说的每一个字那样。

2.用你的肢体语言给予肯定回答

表达认同的肢体语言是多种多样的：面带微笑；眼神里的专注；不时地点头；做一面镜子，感受他人的情绪，他人高兴，你也高兴；他人皱眉，你也皱眉……

3.不要急于打断，不要急于下结论，等你的客户说完

如果对方说出的是我们不同意的观点、意见，这时只在心里阐述自己的看法并反驳对方，但我们不要急于用嘴表达不同想法和观点，一定要待对方说完以后再做进一步地交流。

4.与对方进行眼神交流

“眼睛是心灵的窗户”，那么我们为什么要闭着窗户，让对方来猜心思呢？多用眼神与客户交流，如果我们两眼空洞无神的话，那么就会给对方留下心不在焉的印象，对方就会认为你不值得信赖。

与对方谈兴正浓时，切勿东张西望或看表，否则对方会以为你听得不耐烦了，这是一种失礼的表现。如果目光游移不定就会使对方联想到轻浮或不诚实，就会对你格外警惕和防范。这样显然会拉大彼此间的心理距离，为良好的沟通设置难以跨越的障碍。

5.复述

我们在与他人开始沟通前最好要复述一下对方的观点，这不仅是一种认同，更能表明你是在认真倾听。

6.适当使用讨教的语气求教

我们可以降低姿态，以讨教的语气进行交流，比如，你可以问对方："请问，您刚才说的电脑的配置，指的是哪些方面呢？"这样，一来会体现出你在认真倾听，二来可以满足对方好为人师的心理，以此来达成自己的目的。

7.表达认同，但要先停顿一下

当对方讲完以后，你不要凭自己一时高兴，想到什么就说什么，而应该先暂停几秒种，以确保对方已经讲完你再说话。否则，假设对方只是暂时停顿整理思绪，那么你这样做只会让对方心生反感。停顿还有另外两个好处，你的沉默表示你对对方刚刚所说的话非常重视，对对方的言论表示慎重，这是一种最大的恭维。第二个好处就是给自己留下思考的空间，可以准备如何应对对方的发话。

"喜欢说，不喜欢听"是人的特点之一，喜欢被认同是人的特点之二，如果我们在与人交往时，能够掌握这两个人性的特点，然后再实施心理博弈策略，让对方在畅所欲言的同时获得一种认同感，你一定会事半功倍。

第5章

不必多说，聪明人都在应用的心理博弈

生活中，可能我们有以下经历：你无意中给下属投来一个赞许的目光，他会加倍地努力工作；当你对你的上司不满时，又不好开口，于是你给他写了封信，希望他能认真地考虑你的建议……这些都是无需借助语言而采取的博弈策略。的确，人与人交往，很多时候有些话不便直说，此时我们便可以采用润物细无声的心理博弈策略，用旁敲侧击、潜移默化的方式去影响他人。这样既不会显得唐突，又不得罪人，甚至让对方轻松接受，也能自然而然地达到我们的目的。

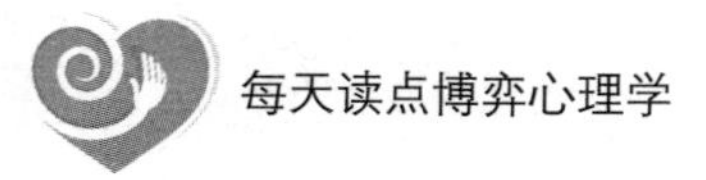

一开始就让对方认可你

现代社会，无论是职场工作、商业竞争还是与人打交道等，我们都希望对方能接受我们的意见和想法，以达到交往目的。然而，苦口婆心地劝说未必能起作用，而是需要我们善用博弈心理策略，比如，如果我们一开始让对方就说“是”，对方势必会跟着我们的思维走，最终，对方也会顺其自然地获得是的答案；而相反，假如对方一开始就否定了我们，那么，再让其改变观点难度就大了。所以，当你与别人开始谈论某件事的时候，最好先不要说那些你不同意的事，而要先强调并且不停地强调你所同意的事。因为在谈论中，你们想争取的都是同一结论，所以很明显，你们的不同之处并不是目的，而是方法。

关于这一点，哈里傲威·屈博博士说：“‘不’的反应是最难克服的障碍。”他指出，当你说了一个“不”字之后，因为自尊这一本性的驱使作用，你会继续坚持下去。即便在后面的分析后，你已经发现你的结论未必准确，但是此时如果改变，自尊该往哪里放呢？一旦说了“不”字，你就发现自己很难改变了。

艾伯森是格林威治储蓄银行的一名出纳，就是利用这种方法，他挽回了一位差点失去的顾客。他在回忆这次经历时这样陈述：

“一天早上，有个年轻人进来，让我给他开个户头，我拿给他几份表格让他填写，但他却拒绝填写。

我最近学了有关人际关系的课程，如果我没学的话，我或许会告诉他，假如他拒绝填写一份完整的个人资料的话，那么银行是无法给他开户的。但是我想，最好还是不要先谈银行需要什么，而是说他的需求。所以我先同意了他的看法，告诉他对于那些资料，其实也不是非填写不可。

然后，我又问他：‘但是，假如出现意外的话，我是说意外，你是不是愿意把你的钱转给你的亲人呢？当然，我们谁也不希望会发生意外。’

‘是的，当然愿意。’他回答。

然后，我又说：‘那么，你是不是认为应该把你这位亲人的名字和详细联系情况告诉我们，以便在真的遇到那样的情况下我们能按照你的意思处理，而不至于会出错呢？’

‘是的。’

到这里我发现，年轻人的态度已经变得柔和多了，他已经明白我要了解这些资料并不是从银行获利角度考虑，而是为了他个人的利益。所以，他最后不仅填了表格中的所有资料，还在我的建议下，开了一个信托账户，指定他的母亲为法定受益人。并且，他也同时回答了关于他母亲的所有资料。”

在这个过程中，从一开始，艾伯森就引导这个年轻人回答“是，是的”，这样反而让他忘记了最初的问题，以至于后来他高高兴兴地做了艾伯森所建议他做的事情。

的确，人们对于自己不熟悉的人或事，往往都持有一种排斥的心理。因此，我们说服他人时，如果直接了当会显得突兀，让对方难以接受；而如果我们能巧妙铺垫，慢慢给对方“洗脑”，让其不断说“是”，对方会更易接受。

所以，当你想让别人跟着你的思维走、接受你的建议时，不妨先利用这一心理博弈的策略，先问些问题，先引导对方回答一些会同意的问题，让他做出“是”的反应，然后逐渐引导对方进入你设定的方向中，对方会

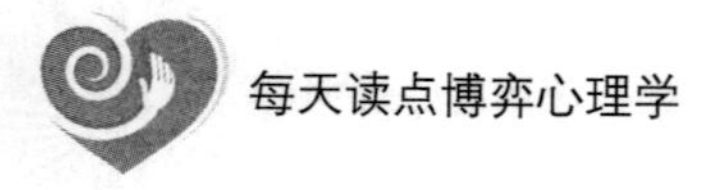

跟随其思维，不断地回答“是”，你会发现你们已经得到设定的结论了。

其实，让对方回答“是”并不是难度多大的技巧，但很多人却忽略了。可能一些人会认为，在开始阶段提出相反的意见，这样当我们能说服对方改正观点的时候不正好可以显示出我们的睿智吗？其实并不是如此。在现实生活中，只有“是”这种技术的应用会给我们带来好处。

那么，如何让对方在一开始就说“是”呢？

1.关键时刻强势一点

如果一味认同对方，难免有奉承之嫌，也会显出你的软弱。因此，要想真正说服对方，我们最好能在关键时刻强势一下，那么，说服对方也并不是不可能。但即便强势，也要保持良好的态度，最好先肯定对方的意见。比如，我们可以这样说：

“说句真话，我从事电脑销售好几年，像你这样如此关心本公司产品性能的客户，我见得不多，像你这样了解本公司产品的客户，更是少之又少，而且您的建议对我们很有用，所以我衷心地谢谢你。正如你所说，我们的产品还存在一定的问题，不过现在它的市场销量很好，说明还是有不少益处的。您看，这是我们去年的销售情况一览表……承蒙您这样客户的关照，我们会更注意改进产品的性能。您买了我们的产品，如果在使用的过程中有什么问题，欢迎您继续给我们提出来。”这样说，客户一定能接受。

2.不给对方否定的机会

让对方在拒绝之前先说“是”，就能有效将对方的拒绝遏制住，比如，你可以对客户说：“××先生，您应该知道我们的产品向来都比A公司的产品价位低一些吧？”

当然，我们在让对方肯定接受我们的观点和想法时，最好能有十足的把我，不能让对方抓住把柄。

总之，真正懂得运用博弈心理学的人在说话中绝不会被对方牵着鼻子走，相反，他们把自己当成谈话的主人，一旦决定自己要的是什么，就表

现出一副不可战胜的架势，这样就绝对不会失败！

制造情境氛围的博弈技巧

在谈到这一心理博弈策略之前，我们先来看看下面这个小故事：

周末，许多青年男女伫立街头，他们中间有不少人是等待与情侣相会的。到傍晚时分，这时有两个擦鞋童，正高声叫喊着招揽顾客。

其中一个说："你看你的鞋子多脏，我为您擦擦皮鞋吧，又光又亮。"

另一个却说："约会前，请先擦一下皮鞋吧！"

结果，前一个擦鞋童摊前的顾客寥寥无几，而后一个擦鞋童的喊声却收到了意想不到的效果，一个个青年男女都纷纷要他擦鞋。

那么，为什么会出现这两种不同的结果呢？其实主要原因是第二个擦鞋童懂得利用催眠法暗示他人。我们来分析一下：

第一个擦鞋童是这样劝说顾客的："你看你的鞋子多脏，我为您擦擦皮鞋吧，又光又亮。"我们不得不承认，这句话充满了对顾客的人情和礼貌，并且他还保证自己擦出来的鞋会"又光又亮"，但一般来说，那些即将约会的青年男女是不会在意的，更不会接受，因为傍晚时分，夜幕即将降临，谁会在意自己的鞋子"亮不亮"。而同时，"你看你的鞋子多脏"这句话很明显地激起了人们心中的不快情绪，那么，即使自己的鞋子真的需要擦，人们恐怕也不会光顾他。人们从这儿听出的是"为擦鞋而擦鞋"的意思。

而第二个擦鞋童的话就与此刻男女青年们的心理非常吻合。黄昏之时，那些约会的青年男女，都希望自己以一副清爽的形象去面对自己的恋人，一句"约会前，请先擦一下皮鞋吧！"真是说到了青年男女的心坎上。可见，这位聪明的擦鞋童，正是在自己的话题里放入了"为约会而擦

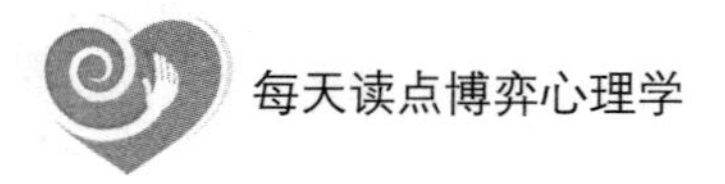

鞋”的温情爱意一下子就抓住了顾客的心，因而大获成功。

我们不难看出，第二个擦鞋童之所以能“生意兴隆”，就是因为他懂得制造情境。中国人常说：“箭在弦上，不得不发”、“覆水难收”，这就是一种情境，当我们身处一种情境之时，很多事情就顺理成章了。同样，在人际交往中，我们若想拉近与人之间的距离，希望对方接受我们的批评、观点等，也可以先“造势”，制造某种情境和氛围，那么，对方自然也会很轻易地接受自己。

人们往往意识不到自己说话用词给人以形象的极端重要性。实际上，讲话时如果能让对方眼前浮现出各种各样的形象，对方就会愿意继续听下去。如果话题含糊笼统，语言无色无形，恐怕只会让对方昏昏欲睡，打不起聊天的兴趣，甚至对你产生厌倦的情绪。

具体说来我们需要做到：

1.排除消极因素

事实上，人们只有在积极的情绪下才会做出正面的决定，如果我们要让对方接受自己，就要尽量为对方排除一些消极因素。

所谓淡化消极因素，就是设法缩小消极面。在实际生活中，有许多人被不安和自卑情绪所困扰，但稍加分析，就会发现他们是将极小部分的失败或恐惧扩大化了。我们要做的就是尽量将这种消极因素缩小，比如当你的同事因为工作原因被领导训斥了，心情很差时，你可以旁敲侧击，吐露一点自己曾经同样的经历，让他明白：当领导的，不可能样样事情都处理得很好。再说，领导处理问题是站在全局角度看问题的，也许是自己的看法不够全面。他明白这一点，怒气也就没有了，消极因素自然也就消失了，而你们之间的友谊也会增强。

2.不说消极语言法

消极语言，是一种消极暗示，这种话说多了，对方就会产生一些消极心理，无论我们出于什么目的暗示，都要在积极的场景中进行，因为人们

一般都喜欢积极的情绪体验。

有些人常说“反正”“毕竟”或“总之”一类的话，这都是消极语言，这类话对方听多了，会产生自我否定的想法，本来彼此间可以友好合作，却因为担心后果而放弃；本来情绪激昂的说帮你忙，也因为你的消极暗示而放弃。

因此，我们在与人交际的时候，要尽量不说消极语言。

3.转移暗示法

积极的暗示产生积极的心态，消极的暗示产生消极的心态。这种暗示方法一般是反方向的，在社交活动中，如果有人对你进行消极暗示，就得运用转移暗示，将别人对自己的消极暗示，转化为积极暗示。

4.赞美法

赞美他人，是一种积极的暗示，而且不仅给他人积极的暗示，同时也给了自己积极的暗示。因为，在赞美他人时，你看到了他人的长处，发现了他人的优点，说明他人的长处、优点也进入了你的心灵，这本身就是一种积极的暗示。

总之，善用博弈心理学所带来的效应，是我们在社交活动中不容忽视的问题，而制造情境氛围就是一种心理博弈技巧，把握运用好这一技巧，更是我们要必备的社交能力，它能帮助我们顺利达到社交目的，在社交活动中如鱼得水。

让对方做做选择题

与人谈话时我们经常会遇到一些不便直言的问题，比如，拒绝别人、指责对方等，如果不顾对方感受和情绪，把自己的想法强加给别人，不仅起不到预想的效果，还会恶化彼此之间的关系。此时，我们不妨运用心理的暗示法，让对方接受我们提供的选择和建议也就会轻松得多。

有一个关于A箱和B箱的实验。“A箱和B箱”是曾经在电视或研讨会上所做的表演，演示者的目的是让大家理解潜意识在沟通上的重要性。

“请你想象一下，这里有两个箱子，A箱和B箱。”演示者用手势指示了两个想象的箱子的位置。

“请你凭直觉立刻想象其中一个箱子。”

被要求的人，会立刻回答说：“嗯，A箱。”

“为什么选择 A箱？”

“没什么，就是觉得……”演示者带着微笑，非常理解地点头。“你以为是自己选择了A箱，其实不然——是‘我’叫你‘选择’A箱的。”

“你叫我选的？什么意思呢？”

其实我们也可以轻易让对方选择你所指定的箱子，秘密就在于你用手势指示箱子位置的时候。我们可以先用左手指示“这里有A箱”，再用右手指示“这里是B箱”。然后放下双手。接着问：“如果要立刻选择的话，你会选择哪一个？”而在说到“立刻”时，要大胆举起左手指示A箱的位置。如此，“A箱”的印象就会跳进对方的潜意识里，被迫用直觉选择时，“A箱”较容易浮现在脑海。当然，对方在意识上完全不会察觉，所以会以为是自己无意中的选择。

另外，在人际关系中，出于各种原因，有时我们难免会驳别人的面子，这种事情如处理不当，轻则伤害对方，让对方难以接受，疏远彼此间的关系，重则得罪人、结仇家。对此，我们要学会旁敲侧击，既表达了自己的意思，又让对方轻松接受。利用话里藏话暗示他人，是我们时刻离不开的社交技巧。

宋朝时期，有一个叫孙山的人和一个同乡一起上京赶考。到了发榜的那一天，孙山考中了进士，不过是最后一名，而他的同乡却落榜了。后来，他的同乡感觉脸上无光，就留在了京城，而孙山则回到了家里。回到家

后，那位同乡的父亲急切地向他打听儿子是否考中。孙山觉得，如果直言相告的话，同乡的父亲可能难以接受，自己也可能会落一个得意忘形的评价，于是他就随口念了两句诗给那位同乡的父亲听：“解名尽处是孙山，贤郎更在孙山外。”那位同乡的父亲听后，明白了他的意思，就转身走了。

可见，利用心理博弈中的暗示法，会使沟通超轻松。

的确，生活中有许多话不用直接说出来，可以用其他暗示的方法表达，暗示是生活中最常见的一种特殊心理现象。它是人或周围环境以言语或非言语的方式向个体发出信息，个体无意识地接受了这种信息，从而做出一定的心理或行为反应的一种心理现象。巴甫洛夫说过：暗示是人类最简化、最经典的条件反射，可极大地诱发人的潜能。

那么，我们该如何通过“巧妙法则”来帮助我们起到暗示对方的作用呢？

1.语言暗示法

这是暗示的最普遍的方式，因为通常情况下，人们在用直接的语言无法表达的时候，最先想到的都是用隐晦的语言，以此来旁敲侧击，表达自己的主观意愿。

同时，暗示的目的是为了调动潜意识的力量，让对方做出我们希望得到的选择，因此暗示的语言首先要精炼，不能用复杂的语言进行描述，因为人的潜意识一般不懂得逻辑，喜欢直来直去。其次，一定要使用积极、肯定的语言进行暗示，用消极的语言暗示恐怕只会适得其反。

2.动作暗示

肢体动作是人的第二语言，在表达时有时候比语言更有效。因为人的举手投足，回眸顾盼，都能表现特定的立场，或表示特定的寓意。“A箱和B箱”这一表演便是动作暗示得到的结果。

就拿手来说，手的动作就能起到间接沟通的作用：如果对方伸出手来表示想与你握手，而你也伸手握住它，那就暗示了你的交往诚意；若你伸出双手紧握它，那就暗示了你的热情；若是你懒懒地握住对方的手，或者干脆手也舍不得伸出去，那就意味了你不想与他交朋友。

因此，我们在与人交往中，当有些话不适合说的时候，不妨借助你的肢体语言来表达，一般情况下对方都会明白你的暗示。

3.眼睛也是传神达意的最好身体部位

正如人们常说的，眼睛是心灵的窗户。如果对方在表达意见时，你双目发光，瞳孔放大，表明你对对方说的话很感兴趣，而如果你的眉毛挑高，眼睛四处张望，表示你对对方意见不屑……

4.空间暗示

这种暗示方法指的是语言暗示和动作暗示外的其他暗示法。

有些下属对领导的工作不满，可是当面说肯定会得罪领导，甚至危及到自己的工作，于是，聪明的下属都会选择写封信或者发个电子邮件，陈述事情的要害，领导权衡利弊后，都会得出明智的决定，这样不仅强化了暗示效果也有利于改进上、下级之间的关系，调动了员工的工作积极性，开发部下的潜能。

可见，在日常生活中，我们要学会心理博弈，掌握一些暗示的方法，那么，我们便能轻松影响甚至掌控他人的决定。

限制时间，让对方尽快决定

我们在学生时代，可能都有过这样的经历和感受：作为学生，每个学期最盼望的就是放长假，一到长假我们就可以暂时摆脱学习压力，不需要每天按时上学，做功课，可以和伙伴们尽情地玩。在放假前，我们会对自己的假期有无限地憧憬，也会制订很多计划，但无论如何，似乎都忘记了假期还有一个重要的任务——老师布置的作业。因为我们总认为，假期

长着呢，先好好玩吧！但假期总会过去，很快，我们发现，马上就要开学了，可是作业还没做呢，于是我们暗自下决心“一个星期必须搞定”……其实，不只是学生时代的我们，很多时候我们都有这样的坏习惯：面对要完成的事情，我们好像都喜欢拖延，非要等到时间快结束时才紧追慢赶、拼命完成，这当然是一种不好的习惯。不过反过来，我们能得出一点心理博弈上的策略，假如我们希望对方快速做决定的话，一定给对方限定抉择的时间，对方在你的暗示之下，也会按照你的意愿去执行。

在商界流传着这样一个故事。

有三个日本人，作为日本某家航空公司的采购代表来到美国，准备和一家飞机制造公司谈判，希望能以合理的价格买进一批材料。

当然，美方也不示弱，他们为了能赢得利益，也挑选了一批谈判精英来参加这次谈判。美方的聪明之处在于，谈判开始后，他们并不是采取常规交涉的方法，而是用产品说话，采取了一系列的产品攻势。

谈判室是美方提供的，为此，他们似乎更具有优势，他们在谈判室里挂满了许多产品图像，还印刷了许多宣传资料和图片。他们用了两个半小时，三台幻灯放映机，放映了好莱坞式的公司介绍。他们很聪明，按照常规意义来说，他们这样做，一是要加强自己的谈判实力，二是想向三位日本代表作一次精妙绝伦的产品简报。可是，奇怪的是，那三个日本代表，在整个放映过程中，日方代表静静地坐在里面，全神贯注地观看。

一番介绍加上放映后，美方高级主管得意地站起来，转身向三位显得有些迟钝和麻木的日方代表说：“请问，你们的看法如何？”

不料一位日方代表说：“我们还不懂。”这句话大大伤害了美方代表，他的笑容随即消失了，一股莫名之火似乎正往上顶。他又问：“你们说不懂，这是什么意思？哪一点你们还不懂？”另一位日方代表彬彬有礼、微笑着回答：“我们全部没弄懂。”美国的高级主管又压了压火气，再问对方：“从什么时候开始你们不懂？”第三位代表严肃认真地回答：

“从关掉电灯，开始幻灯简报的时候起，我们就不懂了。”这时，美国公司的主管感到严重的挫败感。

为了商业利益，美方主管又重放了一次幻灯片，而且明显放满了速度，但日方代表还是一直摇头，美国的高级主管一下子泄气了，显得心灰意冷、无可奈何。他对日方代表说：“那么，那么……那么你们希望我们做些什么呢？既然我们所做的一切你们都不懂。”这时，一位日方代表慢条斯理地将他们的条件说了出来，他说得如此慢，以至使美国高级主管像回答询问似的，毫无斗志地斜坐在那里，稀里糊涂地应答着，他的思维已经紊乱了，信念被摧毁了，根本未作什么有效反应。

结果，日本航空公司大获全胜，成果之大，连他们也感到意外。

人都是这样，得不到的都是最好的，越显得弥足珍贵。这三名日本代表是聪明的，他们利用的就是美方不能坚持到底的这种心态，然后做了一点小小的“手脚”，让交涉对方自乱方阵，当得意的美方代表产生挫败感、显得心灰意冷的时候，他们的目的也就达到了，此时，他们提出自己的条件，对方已经毫无招架之力。日方代表在这样一个强势的美方制造商面前，并没有认输，而是耐心地等待，最终看到了曙光并取得了胜利。而从美方代表看，他们因为没有耐心，因而输了这场谈判。

可见，用“时间到了”这个最后通牒能起到让对方快速做决定的作用。比如，在销售中给客户体验产品后，可以略施小计，让客户自己对产品感兴趣并在短时间内做出决定。

又如，销售员可以告诉客户：“我看要不今天就到这儿吧，××公司的赵总也等着和我谈这事呢。”这是利用了客户害怕失去的心理，如果他不在一定的时间内做出决定，将会失去产品。而聪明的客户权衡之后，一般会当机立断，达成交易。

所谓最后通牒策略，是指当交谈双方因某些问题“纠缠不休”时，其中处于有利地位的一方向对方提出最后交易条件，要么对方接受本方交易

条件，要么就不再继续谈下去了，以此迫使对方让步的策略。当然，聪明的人要想成功地运用这一暗示技巧，必须具备两个方面 的条件：

1.最后通碟必须使对方无法反击

如果对手能够进行有力的反击，就不是最后通牒。必须要使对方按照自己预期的结果那样去做。

2.最后通牒必须使对方无法拒绝

在对方走投无路，想抽身但又为时已晚的时候，你可以发出最后通牒，因为对方已耗费了许多的时间、金钱和精力，他已经没有选择的余地了，只能妥协。

先在小事上达成一致意见

与人交往时我们都有这样的经验，当我们需要向对方提出一个较高的要求时，因为担心被对方拒绝，会先提出一个对方能够轻易做到的要求，对方应承下来后，我们再提出那个真正的要求，对方居然也爽快地答应了。再比如，某个男士追求女性，他没有选择直截了当的方式，而是从朋友做起，最终也成功追到了自己心爱的女孩。这都是为什么呢？

心理学家认为，一般情况下，对于那些难度大的要求，人们是不愿意立刻接受的，而对于那些较小的、易做到的要求，人们是乐于接受的。在实现了较小的要求后，人们才慢慢地接受较大的要求。

这就是心理学上的“登门槛效应”，又称得寸进尺效应。它是指一个人在答应了他人提出的某个较小的要求外，也会不自觉地接受对方后来提出的更高的要求。这种现象，犹如登门槛时要一级台阶一级台阶地登，这样能更容易更顺利地登上高处。

我们从人们的这一心理出发，可以得出一点心理博弈策略，要想引导他人，在某件事上与自己达成一致意见，不妨先提出一件小事，在获得认同的基础上，对方也会不自觉地认同我们提出的大事。

我们都知道，在所有的推销工作中，保险推销是有很大难度的。因为老百姓对保险没有足够的认识，再加上一些保险公司的违规操作，造成很坏的影响。所以，很多时候，人们一提及保险就谈虎色变，唯恐躲闪不及。所以，对保险业务员来说，工作何其艰难。然而，推销员小尹的生意却似如日中天，业绩不断翻番，原来小尹在推销保险的时候懂得得寸进尺的策略。

这天，小尹去小区开发客户。他没有穿职业的套装，而是穿着很随便。不一会儿，他和下楼散步的王大妈聊了起来。一开始拉家常，聊到了儿女，最终聊到了老人的赡养。当小尹给王大妈聊起保险的时候，王大妈表示没有买的想法。但是由于一开始小尹和王大妈聊得很投机，所以王大妈也不好意思立即走开。

随后小尹通过向王大妈介绍保险的好处的过程中，慢慢地让王大妈对保险有了全面的认识，同时，王大妈对小尹建立起了信任。就这样，王大妈最终在小尹的帮助下，给自己买了2万块钱的保险。

从上面的故事中可以了解到客户对一些自己不认同的东西防备心理极强。要想攻破这层堡垒，就要利用登门槛效应，层层剥离，让客户在不知不觉中接受和认同销售员的价值体系和理念。一般情况下，客户第一次接受之后，往后就不好意思拒绝。所以，销售员在一开始接触客户的时候，要从一些简单的认同开始。慢慢地化解客户的防备心理。

心理学家查尔迪尼做了这样一个实验：他代替某个慈善机构进行募捐活动。在募捐时，他对一些人说："哪怕捐一分钱也好！"而对另外一些人则没有说这句话。结果，前者的募捐比后者要多两倍。

的确，每个人都有这样一种心理，对于那些微不足道的而且毋庸置疑的事，自然会认同，对于那些很容易办到的小事，也不会拒绝。在了解人们的这一心理特点后，我们大可以在谈判、求人办事中先得寸后进尺，对

方会不知不觉地进入你的“圈套”中。

不过，运用这一效应来进行心理暗示，还应注意以下几点：

1.“门槛”不能太高，否则无法“得寸”

我们在提出正式要求之前，要做好充分的准备，首先要对对方有充分地了解，否则，即便你提出的是一件很小的事，对方也未必会认同和答应。

比如，你是个管理者，高估了某位下属的能力，你交给他一件你认为的小事，但他也没有办好，这主要是因为你没有事先了解清楚此人的办事能力。相反，当你了解他的做事习惯、办事能力后，不妨先提出一个难度更小的要求，当他达到这个要求后，再通过鼓励，逐步向其提出更高的要求，这样他容易接受，预期目标也容易实现。

2.注意“进尺”的尺度

与人沟通，无论我们想要达成什么目的，都不能急功近利，否则，只会事倍功半。

以销售为例，在现实生活中，我们经常会将那些进门之后，直接向我们推销产品的推销员拒之于千里之外。当销售员向我们获得特许，“登门槛”、也“得寸”后，便得意忘形，将销售议程提上案。此时，我们的内心世界还并没有消除对销售员的戒备状态，可想而知，我们是不会买他的账的。

3.确定对方是否能接受你“得寸”，从而让你“进尺”

一般运用“登门槛效应”来暗示他人，都能起到作用，因为人们都希望在别人面前保持一个比较一致的形象，不希望别人把自己看作“变化无常”的人。因而，在接受别人的意见、看法和提出的要求之后，再拒绝别人就变得更加困难了。

但事实上，也有一部分人，这一暗示方法对他们根本起不了作用，对于这一类人，我们应该做的是“另寻出路”。

总之，先对对方提出一个较小的事情，以此获得认同，再提出较大的事，达成一致的可能性就比较大。

把大家的观点告诉他，让对方也接受

在日常生活中，我们习惯于这样说“大家都这么认为的”“他们都说”“咱们都认为是这么回事”等。于是，当大家的意见无法统一时，人们多数时候都会遵循“少数服从多数”的游戏规则。虽然，某些人心里还想着“真理掌握在少数人的手里”，但是他们的语言或行为还是挡不住随大流的趋势，这就是典型的“从众心理”。当大家都认为是这么回事的时候，即便有人有反对意见，也会不自觉地隐藏起来，主动表示“赞同”。

在生活中，我们也可以将这一心理效应运用到心理博弈中，以此来影响对方的观点或意见，也就是在说话时表现出这是大众观点，以令其从众。

一位石油大亨到天堂去参加会议，当他踏进了会议室，却发现里面已经座无虚席，自己根本没有地方落座，于是他灵机一动，喊了一声：“刚才听大家说，地狱里发现石油了！”这一喊不要紧，天堂里的石油大亨们纷纷向地狱跑去，很快，天堂里就只剩下自己了。

这时，这位大亨心想，大家都跑了过去，莫非地狱里真的发现石油了？于是，他也急匆匆地向地狱跑去。

这虽然是一个笑话，却深刻地反映了从众心理的现象。当听到对方的话里带着“他们都说”“大家说”等这样的字眼时，人们就会自然地觉得这个消息是正确的，而自己没有任何理由来拒绝相信这样的事情。他们并没有把自己的看法作为判断标准之一，而是以“大家”“他们”来判断这件事是否值得相信。

小李是一名保健品导购员，她所销售的品牌并不是什么名牌，但却一直销量很好，这是因为她有一个销售秘诀：每当客户对自己的推销产生质疑时，她都会拿出客户意见表以及销售业绩表向客户介绍。她知道，这是最有力的证据。

有一次，店里来了一位女士，挑选好了想买的产品后，又担心起品质

来："现在的保健品真不敢吃，添加剂成分太多。"此时，小李明白，要想说服这位客户，就要拿出最有力的证据。于是，她一边从包中拿出客户意见表，一边说："您担心产品质量是可以理解的，毕竟我一个人的话可能显得空洞，但众多客户都这么说，现在每天都有一些客户结伴来我们店购买这系列的保健品。"

"嗯，你说得没错，我相信你，我姐妹说你也买这个牌子的保健品，一个喜爱并相信自己产品的销售员，我又有什么理由不相信你呢？"

案例中，销售员小李之所以能打消客户顾虑，将产品推销出去，就在于她巧妙运用了"大家都这么说"的心理博弈方法，进而打动了客户。在购买产品这个问题上，人们都有一个心理，大家都害怕吃亏，而只有当周围的人都已经购买并反应良好时，他们的这种危机意识才会有所消减。这也就是为什么顾客对产品的反馈情况常常被作为一种证明产品信誉、口碑、质量的事实依据。

在社会中，总会有一些大规模的从众行为，似乎每一个人都是凭着"他们都说""大家都这么认为"来决定自己应该相信哪些是真实的，这时候他们放弃了自己的主见，就会自然地觉得这个消息是正确的，而自己没有任何理由来拒绝相信这样的事情。他们并没有把自己的看法作为判断标准，而是以"大家""他们"来判断这件事是否值得相信。

从众心理的作用，就在于会让人不由自主地选择身边人的言行作为参照物，不断地寻找出人们一致的社会认同。由于它本身的神奇作用，所以它常常被人们加以利用，一些商家会利用从众效应来谋取利益，推销者也会利用从众心理来吸引顾客购买产品。

所以，明白了从众心理的特性，我们也可以利用大家都这么认为来进行心理暗示，从而操控其心理，令其从众。

1. "大家都这么认为"

当自己在陈述某件事情的时候，为了表示自己的所见所闻是真实的，

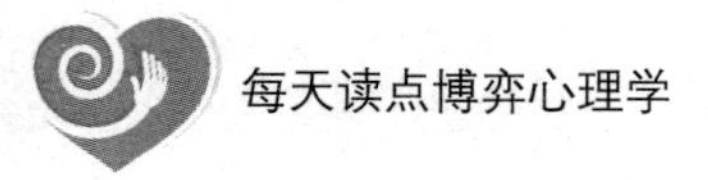

同时也为了增强说服力，很有必要说明“这件事大家都看到了，并且我们都认为是真的”。

2.“很多人都这么说”

有时候，当我们在阐述一些信息或事实的时候，对方有可能会表示出怀疑，甚至不愿意相信这是真实的。这时候，我们可以表示这是大众观点，因为“很多人都这么说”。

3.依靠强有力的第三方“他们”“亲戚们”

有的人为了说明自己产品的质量，搬出来强有力的第三方，比如“邻居们”“亲戚们”“他们”等。比如“这个吸尘器真的很好用，我的邻居、亲戚都向我反映说‘十分方便’，特别适合像你们这样的家庭主妇用”。

每个人都有不同程度的从众倾向，总是倾向于大多数人的想法或者意见，以此来证明自己不是孤立的。所以，你可以利用人们的这种从众倾向，利用大多数人的观点和意见来暗示对方，以此达到自己的目的。

第6章

四两拨千斤，弱者也能胜出的心理博弈

我们常听到这样一句话：“适者生存，优胜劣汰。”不少人也说，我们所处的环境是弱肉强食和充满竞争的，只有那些强者，才有话语权，才是赢家。但果真是这样吗？即便是弱者，也有他们的生存之道。事实上，弱者只要能掌握一些博弈的智慧，他们甚至还会扭转局势。因此，在与人博弈的过程中，如果你处于实力较弱的一方，那么你可以实施一些心理博弈的策略，因为真正的博弈高手，都懂得等待和把握时机，从而扭转局势，一举成功。

懂得示弱，为自己储备力量

中国武术有句名言“四两拨千斤”，这里包含着双方力量悬殊时如何博弈的策略。为人处世，光有力量还不行，还要有智慧。我们都知道在自然界中，很多生物间的力量对比是悬殊的，人类也像自然界中所揭示的现象一样有强弱之分，但人是有智慧的，智慧产生见识，通过不断的学习和人生体会，弱者也可以在商场和职场，获得生存的机会，从而搏出一番天地。

其实，人虽然不能改变自己的“弱”，但却可以通过示弱的方式来使自己处于有利位置。自古以来，那些成大事者，在遇到劲敌的时候，都能做到放下身段，适时选择示弱，从而成功保全自己。

曹操有一段与刘备煮酒论英雄的佳话。

酒至半酣，二人遥看天上变幻的风云，好像神话中传说的龙一样奇妙。曹操感叹地说：“龙这种东西，好比世上的英雄。使君啊，你来说说看，当今世上，有谁能够称得上英雄？”刘备问：“袁术拥有淮南，兵广粮足，算得上英雄吗？”曹操摇了摇头。

刘备又问：“荆州的刘表、益州的刘璋、江东的孙策，以及张绣、张鲁、韩遂等人，他们算得上英雄吗？”曹操不停地摇头。

刘备又问：“袁术的堂兄袁绍，虎踞河北，麾下人才济济，应该算得上一个英雄吧？”曹操说：“袁绍看上去厉害，其实胆子很小。虽然他有

很多聪明的谋士，可他自己却欠缺一个领导人应有的决断能力。像他这种人啊，干起大事来总是不愿意付出，见到一点小利益却又不顾危险，不算是什么真英雄。”那么，究竟谁能够称得上当世英雄呢？曹操用手指向刘备，然后又指指自己，说了一句令人莫名惊诧的话，曰：“今天下英雄，惟使君与操耳！”刘备闻言大惊，以为曹操窥破自己的心态，不觉将筯（筷子）失落于地。刚好正值雷声大作，刘备便假托是被雷声吓落至地，将惊惧之态掩饰过去。

木秀于林，风必摧之，任何一个人，即使你再优秀，再出色，如果过分卖弄、张扬，那么，你不可避免地会遭到明枪暗箭的攻击。因此，我们应知道在现代社会行走的处事规矩，即遇强示弱、遇弱示强。怎么来理解这句话呢？遇强示弱的意思是，当你实力不强而对手强大时，那么不要拿鸡蛋碰石头，而应该适时示弱，这样可以化解对方的戒心。从这个出发点，我们不难得知，在强者面前示弱是一种生存的方式，从根本上讲，是一种以退为进的方式，可以化困难于无形。

古往今来，不少成功人士都遇到过这种情况，他们一般都懂得暂时放下自己的身段，懂得隐忍，在时机不成熟、力量不足的情况下，故意制造出一种假象，暗中积极准备、以奇制胜，以有备胜无备，这样做的目的是为了要减少外界的压力，或使对方降低对自己的要求。一般情况下，他们都能做到出其不意，而实际的表现却又超出外界对自己的期待，这样的智慧表现就能格外令人钦佩。而过分地表现自己，就会经受更多的风吹雨打，因为暴露在外的椽子自然要先腐烂。

小王大学毕业后，一直做业务工作，逐渐地积累了一些经验，为了更好的发展，他跳槽到一家大型公司的业务部，他所担任的职位是协助业务经理开展工作。那个业务经理也是新人，刚到公司一个多月。小王在工作中与他相处一段时间，就发现那位经理不但在工作中存在着许多问题，而且脾气也很坏。他业务能力很差，几乎都是依靠下面的业务员拿业绩，而且心胸狭隘，也不懂得尊重人，总是带着命令的口吻与下属讲话。如果工作出了错，他也不顾及你的颜面，当众就把你教训一顿。因此，许多业务员实在受不了，和他发生了争执就辞职走人了。

面对这样的经理，小王心里也很窝火。但是，他并没有发作，而是始终陪着笑脸，因为他心里很清楚，摆在他面前的只有两个选择，要么和他大吵一架，然后走人；要么就是忍辱负重，等待时机。聪明的他选择了后者，半年以后，公司高层也发现了业务经理的问题，通过调查认为他不适合做业务经理，就找了个理由把他辞退了。而小王，因为一直表现不错，被公司任命为业务经理，这下子，小王如鱼得水，很快把业务开展了起来，为公司创造了很大的经济效益，赢得了公司上上下下的尊重。又过了几年，他被提拔为主管业务的副总经理，过上了有房有车的生活。每当谈起这些，小王就不无感慨地说："我能有今天，就是因为我当初懂得忍耐。"

在每一个人的成长过程中，难免会遇到一些坎坷与挫折，在这个时候学会"舍高取低"，懂得弯腰，以一种隐忍的沉默来面对，以一份从容的心态去面对眼前的境遇，这就是一种曲中求直的境界，是一种审时度势、大智若愚的胸怀，更是一种处世的智慧。

在实际工作或生活中，也总是有一些欺软怕硬的人，他们会专门欺负弱者，此时，示弱也可以让对方摸不清你的虚实，降低了对方攻击的有效性，一旦攻击失效，对方将有可能收手，从而你就获得了生存的空间。至于你反击与否，要慎重，更要视情况而定，因为反击不是目的，生存才是目的。

示弱是一种以退为进的表现形式，示弱不是妥协，而是一种解决自己生存的有效方式。既然通过示弱，可以获得生存的空间，是不是总是以弱示人呢？当然不是，因为遇弱则需示强，不然会给弱者就带来攻击的机会，因为人们通常是寻找机会证明自己是一个强者，你若是遇弱者也示弱，则正好引来对方的无情攻击，造成自己不必要的损失，示强则可以让

对方知难而退；这里的示强不是侵略性的，而是防御性的，不然你若判断失误，遇到一个“遇强示弱”的高手，必将一败涂地。

与其他弱者联合，扩充自己实力

在强手博弈的模型中，我们发现，起初我们所认为实力强大的一方，却被弱者打败，很明显，这是一个强者的悲剧。那么，面对这种实力悬殊的博弈，作为弱者的一方，该怎么扭转局面呢？

无数实例证明，在面临强大的对手时，弱者保护自己的最好方法就是与同为弱者的另一方结成联盟，借此帮助我们扭转局势。古语云：“三个臭皮匠，赛过诸葛亮。”这句话明确地表明了团队合作对于弱者的意义：团队行动可以达到个人无法独立完成的成就。也就是说，只要团队中的每个人都能充分发挥个人的才智，就能将团队的力量发挥到最大。但这里的充分发挥，很明显，是要各取所长，把每个人的力量发挥到最大。我们先来看下面这样一个故事。

一个跳伞运动员在一次跳伞活动中，一不小心被刮到了飞机的起落架上，高空中的冷风嗖嗖地吹着。很快，飞机驾驶员看到了出了意外的运动员，他不能见死不救，可是，他的座位离起落架太远了，他怎么也割不断救生伞，运动员只好一直被悬挂在起落架上。

为了要救这名运动员，驾驶员想方设法也无济于事，最后他决定，还是带运动员回机场。为了保障运动员的安全，他降低了飞行速度——由原来的时速80公里降到时速60公里。可是这样做，又会带来另外一个问题，飞机可能因为速度太慢而一头栽下去。当飞机在机场上空盘旋时，由于速度过慢，驾驶员已经感受到了飞机的震荡，稍不注意就可能发生危险。

此时，驾驶员眼前一亮，他发现前方有一片草地，如果能在草地上降落，那么便能减少与飞机的摩擦，对保护运动员有好处。然而也有不利因素，如果处理不好仍然会造成机毁人亡，他想到了这点，但却不知运动员是怎么想的。要知道，此时配合不好的话，就会导致更为严重的意外。

然而，运动员似乎与飞机驾驶员心有灵犀，就在飞机落地的一瞬间，运动员猛地把自己身子缩小，把头勾起来，他这样做的目的就是不让自己在飞机落地时碰到地面，保护自己不受伤，他的冷静给他带来了生还的希望。

很庆幸，飞机成功降落，虽然运动员皮肤擦伤了，但其他一切正常。当他看到救他的车辆驶过来时，他兴奋地对救他的人说："我太幸运了！"有人告诉他："不是你幸运，是你们配合得太好了。"

可能你也为运动员捏了一把汗，但正是因为他与驾驶员的巧妙合作，最终化险为夷。这里，假设驾驶员对飞机的操作不够熟练，运动员对自己的身体不能很好地把握，那么，他们必当逃不过这一关。这说明了生活中协助精神是必不可少的。当然，在配合的同时，需要每个人都发挥自己最擅长的能力。

叔本华说：单个的人是软弱无力的，就像漂流的鲁宾逊一样，只有同别人在一起，他才能完成许多事业。团结就是力量，合作就是力量。21世纪是一个合作的时代，合作已成为人类生存的手段。因为科学知识向纵深方向发展，社会分工越来越精细，人们不可能再成为百科全书式的人物。每个人都要借助他人的智慧完成自己人生的超越，于是这个世界充满了竞争与挑战，也充满了合作与快乐，同样每个人也要对合作引起重视，并把合作的意识运用到日常的生活和学习中去。

竞争激烈的现代社会，无论是个人还是企业，单打独斗的个人英雄主义已经行不通。尤其是与强者对抗，更不要指望一个人就能做到。

以少胜多、以弱胜强的博弈

在现实生活中，我们看到不少这样的案例：两个企业实力悬殊，并且是竞争对手，我们多半会以为实力强者胜出，但不少情况下，竞争结果总出乎我们的意料，这是为什么呢？在分析这一问题之前，我们先提出一个博弈心理学上的蓝契斯特法则。

蓝契斯特法则的提出者是出生于英国的技术工程师蓝契斯特。原本，他是一个汽车工程师，天生喜欢挑战，喜欢有难度的事，他不满足于自己狭隘的工作领域，又把眼光放到了飞机上。最终，通过努力，他成为了一个伟大的航空工程师，他对历史最大的贡献就是对螺旋桨的研究。

然而，即便已经成就卓越，他还是对其他事物产生了兴趣。他开始对飞机集样作战的数字发生兴趣，几架飞机对几架飞机的战斗结果将如何呢？这个问题触动他更进一步去收集各种地上战斗的资料，以探索兵力的比率和损害量之间是否具有某种法则的存在。这即是蓝契斯特法则的由来。

蓝契斯特法则分为第一法则（单兵战斗法则）和第二法则（集中战斗法则），而由这两个法则的观念，再导出弱者的战略（第一法则的应用）和强者的战略（第二法则的应用）。

第二次世界大战以后，这一法则逐渐从战争中退出，进而被运用到营销管理领域。蓝氏法则成为有效的营销管理法则，在商品战略、市场规划、流通渠道等方面都有较大的实用价值。许多跨国公司在营销特别是在区域战略中成功地运用了蓝氏法则，其中就包括德国大众公司的“点、线、面市场进入法”。

这一策略是德国大众汽车公司有名的市场开拓方法，也是目前许多海外跨国公司在开拓中国市场时的惯用手法，其内容是：企业在选定目标市场并确定其为最后攻占的目标区域后，首先，实行点的占据。因为企业

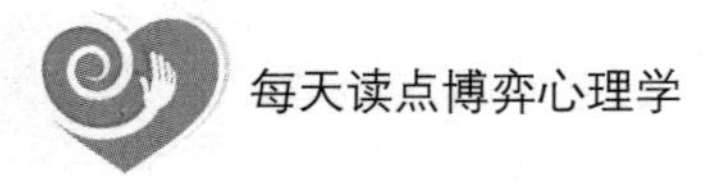

不可能一开始就进入到目标区域的中心，只能在这一区域的附近选择有利的阵地点，并在这个点上展开强有力的营销活动。其次，在第一点的营销活动取得相当成功后，再在目标区域附近另选第二点。第二个点完成后，便可形成营销网络的线。再次，在线形成后，再选第三点，此点应能与第一、第二点形成对目标区域的包围圈，这样营销面积便告形成。在面积形成后，企业向目标区域的重要点——中心点推进，从而实现对目标区域的全面进入。

这一策略方法体现的是稳扎稳打、循序渐进，不断建立外围据点，最后中心开花的战略思想。许多国际著名企业都曾成功地运用过这一策略方法。日本企业采用这一策略在进入美国市场时几乎是无坚不摧。德国大众公司在中国上海成功建立合资企业后，随即与一汽集团合资生产小汽车，并且占有中国将近一半的小汽车市场，可以说是这一策略在中国市场的成功实践。

根据蓝契斯特法则，企业在制定发展规划与对手抗衡时，应该注意到以下几点。

1.发展某一区域市场时，首先按照自然的和人为的地理条件、人口集中度、人口移动规律等情况对区域进行细分，随后选择可连成三角形包围该区域的三个最有利点，实行各个攻破原则，使占有率达到40%的相对安全值。面积形成后，从三个方向向最终目标的正中央推进，使竞争对手瓦解在空中的环形区域中。

2.在争夺市场的竞争战中，强者多处于守势，而弱者趋向于进攻。防守与进攻的战略互不相同，因此首先应区分攻击目标和竞争目标。比自己实力强的是攻击目标，反之为竞争目标。对攻击目标应采用差异化战略进行攻击，通过品牌形象、技术工艺、产品性能、顾客服务的独特性来提高市场占有率；而对竞争目标则应用防守战略，密切注意对方的行动意图，抢先实施模仿战术，扰乱对方计划。在这里，确立双方战略态势是采取恰当

战略的首要步骤。

3.实力弱小的公司在战略上应以一对一为中心，创造单打独斗的战略区域和战略性产品，避免以所有产品和所有区域为目标。选定特定的阶层对象，展开局部战斗，以点的反败为胜，连线为面，并取得最终胜利。

4.在营销过程中，必须考虑企业在产业和市场中的位置。在许多攻击目标中，首先集中力量对付射程范围内的足下之敌，避免多方树敌。第一位企业应经常推出新产品，并及时了解第二位可能的差异化战略，从而在时间上抢先一步。所以，情报能力、情报管理制度和开发创新能力，是维持企业地位的关键。第二位的企业必须以独创性开辟生存空间，通过差异化一决胜负。

总之，在商业竞争中，各方的实力固然重要，但并不是决定性因素。各类企业应结合具体产品的地区、流通特性等，灵活运用各种战略以取得市场。

坐山观虎斗，最后出手

前面，我们已经分析过枪手博弈这一模型，在这一博弈过程中，枪法最差的丙却能最终打败甲和乙，最终幸存下来，这绝不是侥幸，而是博弈策略使然。从这个经典的博弈模型中，我们不难看出，高明的方法不是与强者硬碰硬，而是静观其变，让高手先进行对决，当他们两败俱伤时，自然就能捡到“现成的便宜”，成为最后的赢家。成语“鹬蚌相争，渔翁得利”，说的就是这个道理。

从前有两个人，他们好打猎。这天，他们和往常一样来到森林中，却看见两只老虎在吃人肉，其中一个人很是气愤，他迫不及待要去杀这两只老虎，而另外一个人则上前制止，并说："人肉是老虎最爱吃的，现在两只老虎都抢着吃，一定会争得你死我活，力气比较小的那只肯定会被比较强的那只打死。最后，比较强的那只也一定会伤痕累累。等到那时候，我们不用花什么力气就可以把两只老虎都打死，这不是做了一件事就能获得双倍好处吗？"果然，两个人很轻松地就把两只老虎抓住了。

自古以来，人们就知道"坐山观虎斗的"道理，并且，还善于运用这个道理来谋取自己的利益。在混乱的博弈环境中，置身事外是保护自己的最佳策略。我们都有这样的感悟，在激烈的冲突中，那些没受到波及的，往往是那些置身事外的人。然而，置身事外看似简单，却是高深的智慧。我们若学会了这样的博弈技巧，那么也就学会了从宏观的角度看待事物的方法。事实上，在人际较量中，无论你是强势的一方，还是弱势的一方，学会静观其变都是出力最少、获利最大的策略。

当然，另一方面，如果我们还要学会团队协作，绝不可勾心斗角，只有相互信任、一致对外，才能克敌制胜，保存自己。

不得不承认，在当今这个时代，每个角落里都散发着竞争带来的紧张气氛。诚然，在你追我赶的现代社会，竞争对于提升自我价值与发展空间有很重要的作用，人们可以从中发现自己的不足，并以此作为一种前进的动力来鞭策自己。然而，这一效果是在良性竞争中才会产生的，恶意的斗争只会两败俱伤。

那么，为什么当人们置身于事件之中时，却还非要与对方争个你死我活呢？其实，除了那些原则性问题之外，是没有必要非得争个高下和输赢的。即使你赢了，也可能失去更多，比如友谊、健康、快乐等。明白了这个道理，面对利益、观点、意见的分歧，我们也就能做到淡定处之，不与人争斗了。

陈晓和王伟都是刚毕业的大学生，他们进了同一家企业，工作中他们表现一直努力，所以都深得上司赏识。半年之后，公司高层决定在这一批

新人中提拔一批干部，以激发公司员工的活力。这些新手们都知道这是一次难得的机会，于是，在得知公司要提拔新人的消息后，大家都开始各自活动开了。

陈晓是一个精明的人，他咬咬牙花了半年的薪水买了一些烟酒，亲自送到主管家。果然，这个爱好烟酒的主管很乐意地接受了陈晓的礼物。陈晓以为自己会成为新干部的候选人，于是他在家敬候佳音。但实际上，送礼的人远不止他一个。而王伟是个憨厚的年轻人，家人都劝他去活动活动关系，而他却还是和以前一样朝九晚五的上下班。那段时间，整个办公室的年轻人，似乎就他一个人真正地在忙工作。

主管在接受了众多礼物后无法抉择，而上级领导一直催促他要本着"公平公正"的原则为公司选拔人才，在左思右想后，这位主管做出了"英明"的决策：提拔王伟为领导干部。很多人感到不理解，他的理由是：一个不争抢名利的人，才是真正能把精力放在工作上的人，才是能倾心倾力为公司负责的人。

案例中的主管为什么没有选择为之送礼的下属，反而选择毫无动作的王伟呢？正如他所想的，一个内心淡定的人，不热衷于名利的争夺，才会全身心地把精力投入到工作中，这样的人，才是真正有担当的人。

其实，不仅是职场，在这样一个竞争激烈的社会中，对于钱财、权威，淡定一点是最明智的生存之法。少说话、多做事、充实内在，你自然能脱颖而出。

可能你会发出这样的疑问，万一对方有意与自己较量，又该如何？此时，你不妨装装傻，选择沉默。道理很简单，如果你装聋作哑，别人是不会与你计较的，也就不会产生争斗，因为斗了也是白斗。如果对方还一再挑衅，只会凸显他的好斗与无理取闹，因此面对你的沉默，这种人多半会在几句话之后就仓皇地且骂且退，离开现场，如果你还装出一副听不懂的样子，那么更能让对方败走。

“鹬蚌相争，渔翁得利”，这个古老的寓言故事告诉我们，一方面，我们要善于坐山观虎斗，可以轻轻松松地坐收渔翁之利。对于博弈中的弱者来说，假如能够制造矛盾，削弱强者的实力，无疑是一种最佳的生存策略。另一方面，我们应该减少与他人的恶性竞争，只有团结协作，才能一致对外。

巧借强者之势，达成自己的目标

在博弈中，有个著名的命题叫智猪博弈：

在一个猪圈里，有两头猪，这两头猪个头差距很大，一只体型肥壮，一只是幼猪。在猪圈的一头，有个食槽，另一头则是控制猪食的踏板。踩一下踏板就会有猪食进槽，我们将其定为十个单位。而踩一下踏板，就会要付出两个单位的劳动。首先，我们假设大猪先踩踏板，而小猪选择等待在槽边，那么，十个单位的食物，大小猪吃到的比例是9∶1；同时到槽边，收益比是7∶3；小猪先到槽边，收益比是6∶4，那么，两只猪各会采取什么策略？答案是：小猪将选择“搭便车”策略，也就是舒舒服服地等在食槽边；而大猪则为一点残羹不知疲倦地奔忙于踏板和食槽之间。

用博弈论中的报酬矩阵可以更清晰地刻画出小猪的选择：

		小猪	
		行动	等待
大猪	行动	5，1	4，4
	等待	9，-1	0，0

从矩阵中可以看出，情况可以做出划分：当大猪去踩踏板的时候，如

果小猪选择等待，那么，它的收益是4，行动的收益是1；当大猪选择等待时，小猪选择行动的收益是1，选择等待的收益是0。也就是说，无论哪种情况，小猪选择等待的益处总是大于行动。即等待是小猪的占优策略。

生活中，我们周围的许多人并未读过“智猪博弈”的故事，但是却在自觉地使用小猪的策略。比如，公司里不努力创造业绩而等待分一杯羹的人，股市上等待庄家抬轿的散户，等待产业市场中出现具有赢利能力新产品、继而大举仿制牟取暴利的游资等。因此，对于制定各种经济管理游戏规则的人，必须深谙“智猪博弈”指标改变的个中道理。

从智猪博弈中，我们可以看出，靠同一个食槽生存，小猪要想获得食物，就要借助大猪的力量。其实，每个人都应该学习小猪这种借力打力的博弈智慧。在竞争激烈的今天，那些实力弱小的人，如果仅凭自己的力量是很难获得成功的。

作为中国人，都知道太极的精髓在于“借力打力”“四两拨千斤”“以柔克刚”，懂得借助他人力量的人，取得的成就常常会超越他人。一个懂得借力的人，讲究的博弈策略是后发制人，敌动己不动，战胜对手，有时甚至可以在不利的条件下，使自己反败为胜，永远立于不败之地。

一个深谙博弈策略的人，总是能发现有利于自身发展的有利资源，并为自己开拓更为广阔的天地。狐假虎威的故事就说明了这一点。

在美国的一个乡村，有一个小伙子，他和父亲相依为命。然而，出人意料的是，因为机缘巧合，他成为了一个富翁。故事是这样的：

一天，他的家里来了一位客人，这位客人对小伙子的父亲说，要带他的儿子去城里工作，老人听到后很生气，拒绝了对方的要求。

面对老人的反应，此人回答说：“如果你答应我带他走，我就能让洛克菲勒的女儿成为你的儿媳，你看怎么样？”老人想了又想，终于被让儿子能当“洛克菲勒的女婿”这件事情说动了。

接下来，此人精心打扮了一番，又找到了美国首富、石油大王洛克菲勒，对他说："尊敬的洛克菲勒先生，我想给你的女儿找个对象。"

洛克菲勒说："不要胡说八道，快出去吧！"

被洛克菲勒拒绝，他也没有退缩，反而说："如果我给你女儿找的对象是世界银行的副总裁呢？"于是，洛克菲勒就同意了。

最后，这个人找到了世界银行总裁，对他说："尊敬的总裁先生，你应该马上任命一个副总裁！"总裁先生摇着头说："不可能，这里这么多副总裁，我为什么还要任命一个副总裁呢，而且必须马上？"这个人说："如果你任命的这个副总裁是洛克菲勒的女婿呢？"总裁立刻答应了。

在这个人的努力下，那个乡下小伙子不但娶了洛克菲勒的女儿，也成为了世界银行的副总裁。

这是一个财富故事，苏格拉底说过，真正高明的人，就是能够借助别人的智慧，来使自己不受蒙蔽。那个乡下小子之所以能成为世界银行的副总裁，还能娶到克洛菲勒的女儿，就是因为他的思维方式起了作用，让他一下子由一个穷苦的乡下人摇身一变成为众人羡慕的贵族。

现代社会，借力生力无疑是人们出人头地的途径之一。当然，借力不仅是要借助他人的力量，甚至可以借助他人的智慧、想法甚至名声等。

在北京北海公园琼岛对面，有一家老饭店，这家饭店很有特色，一直沿袭的是清代宫廷菜的烹饪方法，但奇怪的是生意一直都不好。

这家饭店的负责人决定找清楚原因，在一番调查后，他发现，不少游客尤其是外国游客最为感兴趣的是中国古代皇帝的饮食起居。于是，找到这个突破口，他决定将饭店的饭菜以"皇帝吃过的饭菜"为宣传点进行宣传，并且对于店内的每一道菜，他都搜集出故事，让服务员背下来，在服务员上菜、客人点菜的时候，服务员就会说出这道菜的由来。就这样，这家店的生意一下子火了起来。

一次，美国华盛顿黑人市长在这里举行答谢宴会，席间，服务员上来一盘点心，彬彬有礼地介绍说："曾经慈禧太后夜里梦见吃肉末烧饼，而

第二天早上，厨师给他准备的正是肉末烧饼，她很高兴，因为这不就是心想事成吗？今天大家吃的也就是这道心想事成的点心，愿大家也能事事如意，步步吉祥……”这一席话让在场的所有客人都变得心情大好，这位黑人市长高兴地敬了服务员一杯酒，说：“下次来北京，愿再来你们这里做客！”

一道小小的菜肴都能借助贵人之光，拥有另类的文化意义，从而迅速走红，我们在交际中也是如此，与人交往的时候，要学会炒出自己的身价，然后有的放矢，发挥我们的交际能力，能够“攀上高枝儿”，我们就会少走很多弯路。

独木不成林，单打独斗并不是明智的方法。那些事业有成的人，除了自身的智慧和能力外，跟他人的帮助也是分不开的。一个人再聪明，条件再优越，也不是三头六臂，也需要借助他人的力量。由此可见，一个人要想成功，就应该懂得借势，而且还要在生活实践中灵活地运用借势。

总之，一个深谙心理博弈的人，常常善于发现他人身上的长处，并能够加以利用，协调各方之间的关系，让他人为我所用，借助外力，实现自己的目标。

时机未到，养精蓄锐

前面，我们已经了解，在智猪博弈中，对于小猪来说，它的最优策略是等待，只要等待，它就能沾到大猪的光，吃到免费的午餐。然而，这种等待并不是盲目的。如果它一味地等待而不密切注意大猪的行动，进而去食槽边抢食物，那么，就只能饿肚子。

从智猪博弈中，我们也应该获得启示：与人博弈，如果你处于弱势，那么，你最好先等待时机，让那些实力强劲的对手为自己打先锋，当前方

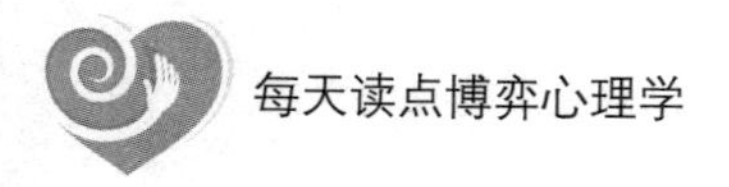

的障碍已经被扫清时，你再行动，就能一举成功。坐等时机的策略，在我国历史上，唐太祖李渊运用得十分娴熟。

隋炀帝年间，皇帝十分残暴，人民越来越忍受不了隋炀帝的暴行，于是纷纷起义，甚至出现很多官员倒戈的现象，转向农民起义军。因此，隋炀帝的疑心更重，对朝中大臣，尤其是外藩重臣，更是易起疑心。唐国公李渊曾多次担任中央和地方官，所到之处，悉心结识当地的英雄豪杰，多方树立恩德，因而声望很高，许多人都来归附他。这样，大家都替他担心，怕遭到隋炀帝的猜忌。

正在这时，隋炀帝下诏让李渊去行宫晋见。而李渊此时正生病卧床，根本无法前往，隋炀帝很不高兴，产生了些许怀疑。当时，李渊的外甥女王氏是隋炀帝的妃子，隋炀帝向她问起李渊未来朝见的原因，王氏回答说是因为病了，隋炀帝又问道：“会死吗？”

王氏把这消息传给了李渊，李渊更加谨慎起来，他知道自己迟早会被隋炀帝所不容，但过早起事又力量不足，只好隐忍等待。于是，他故意广纳贿赂，败坏自己的名声，整天沉湎于声色犬马之中，而且大肆张扬。隋炀帝听到这些，果然放松了对他的警惕。这样，才有后来的太原起兵和大唐帝国的建立。

在李渊与隋炀帝这场博弈中，刚开始时李渊是处于弱势的小猪，他并没有与隋炀帝硬碰硬，而是选择忍耐。假如李渊当初不是自毁声誉、低调做人，而是怒火中烧或者起兵的话，恐怕会在实力悬殊、时机不成熟的情况下失败，也就不会有了后来的大唐盛世。

在做人的艺术中，这就叫“大智若愚”，它常被演绎为一套内容极其丰富的韬光养晦之术，同时也是人际交往中的重要策略。宋代著名文学家苏东坡在评论楚汉之争时曾说：“汉高祖刘邦所以能胜，楚霸王项羽所以失败，关键在于是否能忍。项羽不能忍，白白浪费了自己百战百胜的勇猛；刘邦能忍，养精蓄锐、等待时机，直攻项羽弊端，最后夺取胜利。刘

邦可以成大业是他懂得忍下人之言，忍个人享乐，忍一时失败，忍个人意气；而项羽气大，什么都难以容忍，不懂得‘小不忍则乱大谋’的道理。大业未成身先死，可悲可叹！”女词人李清照也叹：“至今思项羽，不可过江东。”

韩信是淮阴人，还未成名的时候，他只是一个平民百姓，贫穷，没有好品行，不能够被推选去做官，不可以做买卖维持生活，经常寄居在别人家里吃闲饭，因此受到人们的嫌弃。他曾多次前往南昌亭亭长处吃闲饭，并在那里连续吃了好几个月，亭长的妻子很嫌弃他，就提前做好了早饭，端到内室的床上去吃。开饭的时候，韩信去了，却不给他准备饭菜，韩信明白他们的用意，一气之下就告辞而去，不再回来。

有一次，韩信在城下钓鱼，有几个老大娘在漂洗涤丝绵，其中一位大娘看见韩信饿了，就拿出饭给韩信吃。几十天都这样，给韩信送来饭菜，直到这位大娘将所有的涤丝绵都漂洗完了。韩信感到很高兴，对那位大娘说：“我一定重重地报答您老人家。”大娘生气地说：“大丈夫不能养活自己，我是可怜你这位公子才给你饭吃，难道是希望你报答吗？”

还有一次，淮阴屠户中有个年轻人侮辱韩信说：“你虽然长得高大，喜欢带刀佩剑，其实是个胆小鬼罢了。”又当众侮辱他说：“你要不怕死，就拿剑刺我；如果怕死，就从我胯下爬过去。”于是，韩信自信地打量了他一番，低下身去，趴在地上，从他的胯下爬了过去。满街的人看见了，都嘲笑韩信，认为他胆小。

后来，韩信先是跟随项羽，后追随刘邦，成为刘邦麾下的杰出大将，即时再回忆之前的胯下之辱，那不过是忍辱负重，这样才有了后来功成名就的韩信。

或许，别人都耻笑韩信懦弱，但韩信本人却不以为耻。实际上，当时，韩信绝不是不敢刺他，而是因为韩信胸怀大志，不愿与小人多生是非，如果一剑将那个屠夫刺死了，自己难以逃脱。因此，他甘受胯下之辱，他知道“小不忍则乱大谋”的道理，暂时忍下，等待一个可以施展自己一身才华的机会来临。

不可否认的是，当今社会，处处存在激烈的竞争，与对手较量，难免会产生利益的冲突，而那些以大局为重、聪明的人都绝不会逞一时之勇，与对手斗气，而是先隐忍过去，隐藏实力，并伺机而动，厚积薄发。尤其是当自己还羽翼未丰时，更要懂得韬光养晦之术，这是保存实力、积蓄力量的重要手段。一个人在社会上，如果不合时宜地过分张扬、卖弄，那么不管多么优秀，都难免会遭到明枪暗箭的打击。

我们要想做到隐忍，就必须首先锻炼自己的韧性。其次，还需要在低调中修炼自己，积累自己的实力。这需要你把每件任务当成自己唯一的追求去做，做到不达目的绝不罢休，调动所有的储备和资源，寻求一切可能的帮助。没有这种锲而不舍的精神，你可能一辈子也做不成大事。

当然，我们强调要养精蓄锐，火候未到、锋芒不露，但这并不等同于做事畏首畏尾，不敢放手施展抱负。只是凡事都该有个“度”，张扬与内敛之间，就看你如何把握？

总之，选择忍耐和等待、养精蓄锐无论在官场、商场还是政治军事斗争中都是一种进可攻、退可守，看似平淡，实则高深的博弈策略！

第7章

表露真诚，让别人深信于你的心理博弈

人与人之间，交往之初，是存在一定的沟通屏障，也是存在一定的戒备心理的，这就造成取得信任是十分困难的。前面，我们已经分析过博弈心理学在人际交往中的作用，所以，为了获得信任，我们也要通过心理博弈来影响对方，以情感人，才能打动人心，以至于迅速博得他人的信任。

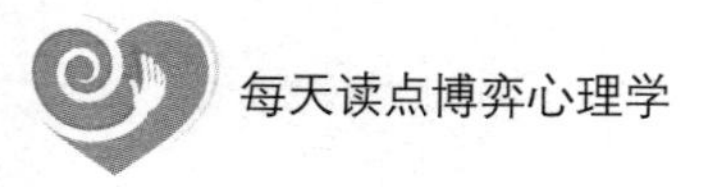

态度真诚，展现自己的诚意

我们深知，在社交生活中，能否成功地给他人留下良好的第一印象至关重要，衣着打扮固然很重要，但最重要的是你的精神状态。所以，当你踏入一个陌生的场合时，如果你能让大家感受到你的真诚，那么你留给大家的第一印象就会非常好，这是一种极好的取得他人信任的心理博弈策略。我们先来看看下面这则故事。

这天，某通讯公司遇到一个爱找茬的客户，他称自己对这家通讯公司的服务很不满意，并且，他提出要投诉这家公司的某个员工。后来，他还写信给一些新闻媒体，向消费者协会投诉，称自己不会再付任何费用。

这让这家通讯公司的领导很为难。后来，一位经理推荐一位“调解员”出面解决这件事。这位“调解员”面对这位愤怒的客户，一言不发，只是静静地听着，听对方把不满全部发泄出来。

时间过去了三个多小时，那位暴怒的客户大声地“申诉”，调解员静静地听着并对其表示同情，让他尽量把不满发泄出来。说完，这位客户就悻悻地回家去了。

后来接连几天，这位“调解员”都上门与这位客户谈心，此时，那位已经息怒的顾客把这位调解员当作最好的朋友看待了，并自愿把所有该付的费用都付清了。

在这则故事中，为什么别人解决不了的问题，却被这位“调解员”轻

松地解决了？这是因为“调解员”动用了情感的力量——让客户尽情地发泄内心的不满并耐心地倾听，最终让一个怒气冲冲的客户变得冷静下来，这样所有的矛盾和问题也都迎刃而解了。

其实故事中的调解员使用的就是心理博弈策略，因为真诚永远是打动人的第一法则。真诚的语言，不论对说话者还是对听话者来说都至关重要，说话的魅力，不在于说得多么流畅，多么滔滔不绝，而在于是否善于表达真诚。

一位先生气冲冲地找到销售员小李，说起了前一天在小李这里购买的录音机。

客户：“你昨天卖给我的是什么录音机，我才用了一次就不能录音了。你们卖的这是什么产品？质量也太差了。”

销售员：“真是太抱歉了，本来买东西是一件很高兴的事情，没想到却给您的生活添了麻烦。真是对不起。请问产品哪里出现了问题？我可以帮您解决。”（连忙放下手头的工作）

客户：“我放了空白磁带，可是就是没法录音。”（态度稍有缓和）

销售员：“是吗？那我们来现场操作一遍看看，和您一起找找原因。”

小李让顾客在现场操作了一遍，结果他发现了问题，原来顾客只按了录音键，却忘记了按播放键。

客户：“这，真是不好意思。”（一脸歉意）

销售员：“不，是我昨天没为您讲解清楚，责任在我。如果您在使用过程中发现有什么不懂的地方或是问题，尽管来找我。”

第二天，这位顾客又来找小李，不是为了别的，而是又买走了一台录音机。

销售员小李是聪明的，面对性格急躁的客户，他拿出了足够的耐心。的确，即便顾客表现得再不耐烦，销售人员也不能为了图一时之快对顾客出言不逊。因为一个销售员的态度不仅关系到销售业绩，同时也代表着产品形象。对顾客时刻保持良好的态度，是一个销售员需要具备的基本素质。

感情是沟通的桥梁，要想让别人信任，必须跨越这一座桥，才能到达对方的心理堡垒，征服别人。与人交往，应推心置腹，动之以情，讲明利害关系，使对方感到你并没有任何不良企图。那么，对方是愿意相信你的。

那么，具体说来，我们该如何在交际中运用这一博弈策略呢？

1.动之以情

我们在说话的时候，应尽量多站在他人的角度考虑，就事论事、将心比心，再在你的言语中加入一些情感的因素，相信对方会被你感动的。

2.真心关心他人

想用情感打动他人，还需要我们懂得从对方心理的角度，说出最让对方感动的话。比如，在对方最无助的时候及时出现并说出安慰的话、关心的话、多考虑对方的利益等，让对方真正感受到我们送去的温暖，自然愿意对我们打开心扉！

总之，人际交往中，若我们能做到以诚待人，并真诚地帮助他人，可以能融化他人的疑虑、冷漠、拒绝，可以使不认识的人对自己微笑，换取他人对自己的信任和好感。

肯定他人，让对方认可自己

在社会交往中，每个人都有表达自己、被他人理解的欲望，都希望他人扮演听众的角色。有了快乐的事情，希望说给别人听，跟人分享；有了不开心的事，也希望与人倾诉。人们希望能通过倾诉获得他人的赞同和理解，而不是反驳和训斥。因此，从心理学的角度看，多给与对方认同会使对方心情愉快，并换来对方的理解和信任，肯定他人是一种绝妙的心理博

弈策略。

卡耐基小时候是一个公认的坏男孩。在他9岁的时候，父亲把继母娶进家门。当时他们还居住在乡下，而继母则来自富有的家庭。

父亲一边向继母介绍卡耐基，一边说："亲爱的，希望你注意这个全郡最坏的男孩，他已经让我无可奈何。说不定明天早晨以前，他就会拿石头扔向你，或者做出你完全想不到的坏事。"

出乎卡耐基意料的是，继母微笑着走到他面前，托起他的头认真地看着他。接着她回来对丈夫说："你错了，他不是全郡最坏的男孩，而是全郡最聪明最有创造力的男孩。只不过，他还没有找到发泄热情的地方。"

继母的话说得卡耐基心里热乎乎的，眼泪几乎滚落下来。就是凭着这一句话，他和继母开始建立友谊。也就是这一句话，成为激励他一生的动力，使他日后创造了成功的28项黄金法则，帮助千千万万的普通人走上成功和致富的道路。

卡耐基14岁时，继母给他买了一部二手打字机，并且对他说，相信你会成为一名作家。卡耐基接受了继母的礼物和期望，并开始向当地的一家报纸投稿。他了解继母的热忱，也很欣赏她的那股热忱，他亲眼看到她用自己的热忱，如何改变了他们的家庭。所以，他不愿意辜负她。

来自继母的这股力量，激发了卡耐基的想象力和创造力，帮助他和无穷的智慧发生联系，使他成为美国的富豪和著名作家，成为20世纪最有影响力的人物之一。

在继母到来之前，没有一个人称赞过他聪明，他的父亲和邻居认定：他就是坏男孩。但是，继母就只说了一句话，便改变了他一生的命运。

卡耐基的继母是个聪明人，她看到的正是一个坏男孩身上别人没发现的优点，一句赞美，让一个坏男孩成为20世纪最有影响力的人物之一。

很多年前，刘玲还是公关部的职员，但现在她已经是该部门经理了。她还清楚的记得很多年前老板鼓励她的那一段话。

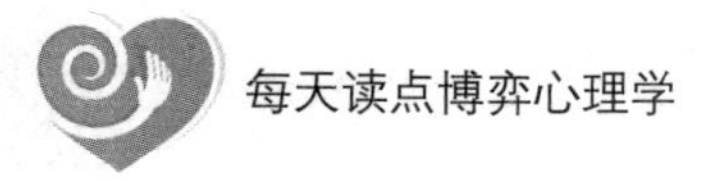

那天下午五点多，公关部的很多同事都已经下班了，刘玲也在收拾东西准备离开公司，此时，老板走过来对她说："对于你的能力，我非常佩服，真希望公关部的人都能克隆你，这样工作就轻松多了。对了，为了提高自己语言表达能力，我想参加演讲会培训。你愿意和我一起参加么？这对我们都有好处。"刘玲听完老板的话，心里美滋滋的。自打那次之后，刘玲更加努力工作。

这里，我们看到了一个领导的一句不经意的肯定对一个员工的激励作用。可见，领导者对下属工作态度和能力的肯定能为下属带来多么强大的信心。

的确，人们都喜欢他人能认同自己。掌握人们的这一心理，我们在交谈时，应多肯定对方，让对方感到你与他志趣相投，对方一定乐意向你倾诉。

巧妙地处理人际关系，最重要的一点，就是掌握"赞同别人"这一催眠法。也许，在你的生活中再也找不出像"认同别人"这样一个简单而有效的技巧了。

那么，在与他人说话中，怎样运用"认同别人"这一心理博弈策略呢？

1.要有认同的态度

如果你根本不赞同对方的观点，那么切不可虚伪作态，因为这样你的一言一行都是会被看作假惺惺的。如果你自己都无法说服自己，又怎么能说服别人呢？

2.当你认同别人时，一定要表达出来

不要指望你的暗示能让他感受得到，要让他们知道你赞同他们的意见，不妨直接说出来，"我同意您的说法"或"您说得很对，我完全赞同"，"我认为您的看法很好"。

3.不赞同也不要直接表示反对

直接反对只会导致双方的争执，这样你会很快与人形成矛盾，所以请不要轻易否定别人，除非不得不这样做。

4.避免与人争论

人际关系中最忌讳的就是与人争论。因为没有人能从争论中获胜，也没有人会从争论中赢得朋友。即使你是对的，也不要争论，这不是解决问题的最好办法。请你务必记住这一点。

认同这一心理博弈策略的根源在于——人们喜欢赞同自己的人；不喜欢反对自己的人，所以只要你懂得并善于运用赞同的艺术，你就会成为一个受欢迎的人。

主动说出对方的疑虑，让对方信任你

在人际沟通中，很多时候，我们之所以无法赢得对方的信任，是因为对方心存不安，对我们的话有疑虑，如果不采取积极的措施打消对方的不安感，那么最终对方会拒绝我们。事实上，对方出现疑虑是一种十分正常的自我保护与防卫心理，也是因为很多情况下他们听到的都是“报喜不报忧”的正面信息，比如说，一些销售人员为了说服客户购买，会吹嘘产品的功效、但并不会提及产品的不足等。其实，高明的方法是主动说出对方心里的疑虑，这样既能显露出我们的真诚，又能打消对方的戒备心理，这样我们与对方的谈话才有进展。

销售员张小姐与一位要大量购买公司产品的客户已经进行过多次电话沟通了，但对方迟迟不成交，这天，张小姐又拨通了电话：“郑经理，关于购买设备的事情，您考虑得怎么样了？”

“我暂时还没打算购买……不好意思。”对方冷冷地说道。

“我能理解您的想法，虽然我向您保证我们公司的产品性能属于业界一流，估计您也向同行打听过，不过在您没有亲眼见到我们公司的规模和生产状况前，存在这种担心和顾虑是人之常情，为公司采购需要认真、负责，不能出半点纰漏。不然会影响公司运营的。”张小姐语重心长地说。

“是啊，真难得你能理解我的想法……”

“对于我们公司的设备，您大可以放心。您也派技术人员来试用过，我想知道您还担心哪些方面的问题呢？”

客户说道：“其实我们急需一批这样的产品，对于你们公司的生产能力及产品质量我没有什么可顾虑的，我担心的是你们能否在合同签订的15天之内就将产品全部发到指定地点。”

听到客户这样说，张小姐马上说：“原来您担心的是这个啊，您稍等，我马上为您传真一份资料。”

一分钟后，张小姐对客户说：“我给你传真的是我们公司专门针对紧急要货的客户制定的‘快速订货通道’策略，通过‘快速订货通道’公司可以按照您的要求送货到指定地点，只要您能按照要求及时支付货款到时候就可以凭单取货了……”

听到张小姐这样说，电话那头的客户松了一口气，他对张小姐说：“明天我会到贵公司签合同。”

案例中，张小姐深知客户是因为对产品存在某方面的顾虑，才迟迟不肯签订合同。于是，她站在客户的角度，以几句真诚的话表达了对客户心情的理解，迅速拉近了彼此的心理距离。得到客户的信任之后，她再询问客户顾虑的原因就容易得多。面对真诚的销售员，这位客户也没有拐弯抹角，而是直接道出了自己所担心的问题。此时，精明的张小姐拿出了最有力的保证，从而彻底打消了客户的戒心，让其决定购买。

的确，我们都知道，只有让他人信任我们，才能让他们接受我们。然而，在很多时候，似乎无论我们怎么苦口婆心地劝说，对方总是能找到拒绝的理由，对此不少人感到束手无策。其实，这是因为我们给了对方拒绝的机会，而最具说服力的策略无非是主动说出对方心中的顾虑，让对方在拒

绝之前先说“是”，并且不断说“是”，就能有效将对方的拒绝遏制住。

那么具体来说，我们该怎样说出对方内心的担忧呢?

1.理解对方的不安感，表达同理心

同理心就是要站在对方的立场，从对方的角度出发来考虑问题。表达同理心是非常重要的，它能让对方意识到你跟他是始终站在一起的，无形之中就有效地拉近了双方的距离。表达同理心的方法有以下几种：

①同意对方的需求是正确的；

②陈述该需求对其他人一样重要；

③表明该需求未能满足所带来的后果；

④表明你能体会到对方目前的感受。

在上面的案例中，张小姐就是站在客户的立场说话，对客户的顾虑表示理解，进而消除了客户内心顾虑的。

当然，我们在表达同理心时要注意：不要太急于表达，更重要的是一定要站在对方的立场上去表达同理心，以免让对方以为你是在故意讨好他。

2.主动向对方提供积极正面的信息，打消其顾虑

我们要想消除对方的戒备心，让其最终接受我们的意见，最有效的方法是说“实话”，但我们一定要用恰当的方式、把有利于自己的信息传递给对方，让对方听从你的意见是一个正确的决定，这样可谓一举两得。

当然，整个说服过程中，当对方存有戒备心时，我们一定要有耐心，要用真心话拉近与对方之间的距离，对方才会逐步信任你。

事事说中，让对方绝对信任你

在现实生活中，我们可能都有过算命的经历，而且当时的我们应该对

算命先生的话是深信不疑的。那么，算命先生是怎么让求助者信任他们的呢？很简单，算命先生首先会说出一连串与求助者相符合的“事实”，比如，“你家中有三姐妹吧”“你在八岁的时候受过一次伤”“你父母婚姻不顺”等，一旦你点头，那么便证明你开始信任他了。接下来，他们要做的就是在已有信任的基础上发挥自己的“算命能力”，而对于他的话，你一定是深信不疑的。

那么，算命先生真的有那么神吗？当然不是，我们先将其是“如何知晓这些事实”的问题放在一边，他们实际上是利用博弈心理取得了求助者的信任。为此，我们不难得出这一催眠技巧的精髓：事事说中，会让对方对你肃然起敬。同样，在与人正式结交前，先对对方进行一番了解，不仅能掌握一些双方交谈的谈资，更能帮助我们赢得对方的信任。我们先来看下面一个故事。

王晗攻读完心理学硕士研究生后，被一家心理学机构高薪聘请，但缺乏实战经验的他被安排在最底层实习一个月，这在情理之中。

有一天下午四点左右，他遇到一个麻烦的客户，很多问题他都解决不了，大家都在忙，他想去问主管吧，刚好可以交流一下。当他敲门进去的时候，主管正在看一本杂志，王晗心里想，做领导真好，这么悠闲。于是，王晗慢慢地把事情和领导说清楚，可是王晗却注意到了领导的一个动作：双手合拢，从上往下压，根据王晗的经验，领导一定是遇到了什么事情，再一看，领导办公桌上有一封信，并不是公司信件，王晗明白了，估计主管看杂志也是想让自己镇定下来。于是，为了不打扰主管，王晗找了个理由离开了办公室。出办公室后，王晗问了主管秘书到底是怎么回事，原来是主管在美国的老父突然病逝，昨天收到的信。

接下来，王晗并没有着急回家，而是等在公司大厅。后来，主管出来了，王晗拍了拍他的肩膀说：“不要伤心了，走，去喝一杯。”主管先是一惊，王晗是怎么知道的？但无论如何，他还是答应了。那天晚上，半醉

之下，主管跟王晗说了很多掏心窝子的话，尤其是老父亲是怎么辛苦培育自己的。

经过那次之后，王晗便和主管成了最铁的朋友。

毕竟是学心理学的，从领导的几个小动作中，王晗就看出了他有心事急需平静，便不再打扰，聪明的他很快又从秘书那里得知到底发生了什么事，然后便充当了一个知心朋友的角色，领导感觉到王晗的善解人意，关系自然会拉进一步。

从这个故事中，我们不难发现，获得对方信任、增进人际关系的一个方法便是说中对方的事，让对方和自己站在同一战线上。那么，我们该怎样运用这一博弈策略呢?

1.事前多了解，不能说错

要想说中对方的事，有时候并不是猜就能猜到的。因此，在与人交往前，我们最好先做一番了解，并且越细致越好。因为如果你说错了对方的事，那么你所做的努力只会前功尽弃，比如，原本你想与某人套近乎，对方姓王，你却一开口就说："你就是××公司的李经理吧。"这样对方还有与你交谈的兴趣吗?

2.说中对方的心事最佳

人的记忆力是有限的，不是所有的事都能被记住，也不是所有的事都会成为一段刻骨铭心的"记忆"。因此，提及别人自己都记不住的事，会让对方丈二和尚摸不着头脑，也是无法起到让对方信任的作用的。聪明的人会选择说中对方的心事，一开口便能击中对方的内心世界，你还担心彼此没有交谈的话题吗?

3.适时沉默

任何沟通都是双向的。赢得人心需要一个好口才，但决不可卖弄口才。有些人总希望用出色的口才让对方产生信任感，但却忽略了一点，那就是人们通常会以为那些巧舌如簧、太能说的人是不值得信任的。因而，我们在与对方交谈中不仅要有度的表现，还需要巧妙的沉默。

4.语言表达清晰、稳重

交谈中，语言表达的轻重缓急也是很有讲究的，该让对方听清的地方就要缓一些，不重要的信息就可以一句带过。如果张口结舌或连珠炮似的大讲一通，那么即便你的话都说“中”了，对方也会感到一种急迫感，从而心生不信任。

当然，以上几点都是基于对交谈对方了解的基础上的，同时我们还要善于观察，善用博弈技巧，把话说到对方心坎上，才能真正让对方对我们敞开心扉。

为人率真，真情流露才真诚

生活中，可能我们都被长辈告知过，做人要低调，要追求完美和成熟。诚然，这是我们应该遵循的处事原则，但这并不意味着我们要压抑自己的喜怒哀乐。哈佛大学一位教授曾说过：“我每次都很紧张，因为我害怕被发现一些内心的感受，但却被自己搞得很累，学生们也很累。我极力想表现自己完美的一面，争取做个‘完人’，但每次都适得其反。其实，打开自己，袒露真实的人性，在学生面前做一个自然的人，反而会更受尊重。”的确，追求完美固然是一种积极的人生态度，但人无完人，如果过分追求完美，而又达不到完美，就必然会产生浮躁心态。过分追求完美不但得不偿失，反而会变得毫无完美可言。

日本京瓷公司的创始人稻盛和夫是个坦率的人，当他还是个研究人员的时候，每次当他做完一个实验并得出惊人的结果时，他都高兴得雀跃起来，甚至手舞足蹈。他的助手对他的这一行为很是不解，因此只是冷眼看

着他。

一次，稻盛和夫又高兴地跳起来，他看到冷静的助手，便对助手说："你也高兴高兴呀！"助手露出一副无所谓的表情瞟了他一眼，吐出一句话："你是多么轻率的人。你总是为一点小小的成功就高兴得不得了。一个男人高兴得跳起来的事情，一生中可能有一二次就不错了。像你这样动不动就高兴，只会让人觉得轻率。"

听到这话的瞬间，稻盛和夫感觉浑身上下被泼了一瓢冷水。但是，他很快恢复神态，对助手说："你说得很对，但是我认为取得成果时，哪怕成果再小，还是单纯、率真地高兴为好。即使多少有些轻率，但是发自肺腑的高兴、感恩之心，是继续从事踏实的研究和勤恳工作的动力。"

这就是稻盛和夫的人生指针和哲学。生活中的人们，也应保持率真的心态，即使是小小的喜悦之情，也要表达出来。这才是真实的你，真实的人生。

萧红是一名广告公司职员，这家广告公司在业界享有盛誉，其实，当初萧红和众多职场新人一起挤破了脑袋进了这家公司，也并不是只图薪水高，而是因为她觉得自己需要磨炼，需要一个地方增长自己的能力，而这家实力雄厚的公司成了她的首选。

但实际上，和任何员工一样，萧红对高薪水也是充满向往的。她知道，她是一名刚走出校门的学生，又没有工作经验，在这里的薪水自然是最低的。但萧红相信，总有一天她会一点点将自己的薪水提高。于是，她一直埋头工作，并未显示出自己的对薪水的不满。

有一天，她正在食堂吃饭，一个五十岁左右的老人端着饭坐在了萧红的旁边，萧红觉得奇怪，她并没有见过这个老人。

老人主动找萧红说话："小姑娘，在这上班没多久吧，习惯吗？"

一看老人这么和蔼，萧红也不好拒绝，就聊了起来："挺好的，同事之间都相处的很好。只是……"

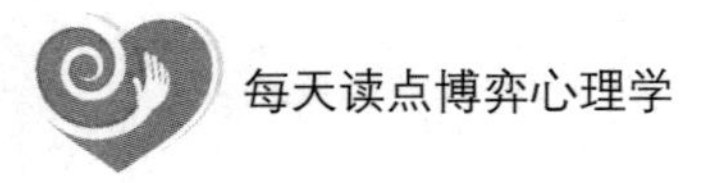

“只是什么？”老人好奇地问。

“工资太低了，都不够生活费！”萧红见是个陌生人，领导又不在，也就脱口而出了。

“是吗？”

“是啊，不过也没什么，大家的标准都是一样的。我目前还没有资历拿高工资，因为在这里，都是为工作而来的，我们不能一味为工资而工作，而是为了提升自己的能力，提升工作的质量。”萧红一口气说完了这些。

老人听完笑了笑。等老人走后，有个主管跑过来对她说，那个老人是集团的董事长，萧红觉得自己惹麻烦了，急得像热锅上的蚂蚁，但是急也没用了，只能等待“死讯”的来临。

但奇怪的是，萧红并没有收到解雇通知。反而，第二天，经理召开了会议，公司大大小小员工都参加了，会上萧红又看见了那个老人，老人说：“直到昨天，我才知道，原来公司员工的薪资水准还停留在五年前，这明显是不合理的嘛！怎么一直没人跟我说？幸亏昨天有个年轻人跟我说了这些。”萧红当时很害怕，以为董事长要在会上批评自己，原来是夸奖自己。后来，董事长宣布大家都提升一个工资水准，就这样萧红成了员工们的大功臣。

萧红可以说是歪打正着，本来在公司谈薪水是很忌讳的事，但她一番无心的话却让自己涨了工资，还成为同事眼中的“功臣”。我们发现，她讲的虽然是一些脱口而出的话，并未进行深入思考，但是却深得人心，领导听了也能欣慰的接受。

当然，说率真的话、表露自己的情绪并不是不可以，但是说话还是要把握分寸的，比如和萧红一样，工资低可以说，但不要抱怨公司和领导，并表明自己要努力工作的态度，这样领导才不会产生负面情绪。

从心理学讲，虽然任何人都喜欢听好话，但没有人愿意听假话。事实证明，人们更愿意与那些做人做事光明磊落、真性情的人交往。而对于

那些苛求完美、从不显露自己的脾气、秉性的人，则敬而远之。因为人们都知道，“金无足赤，人无完人”，那些“趋于完美”“毫无瑕疵”的人虽然在为人处事上并未有过错，但未免显得不够真诚，他们虽然优秀，但不可爱。为此，在与人打交道，我们一定要做到真情流露，说真话、做真事，有情绪也不要刻意压抑。

我们都知道，任何人都有情绪，可能为工作烦心、可能为生活犯愁，但我们与人打交道的时候，不可一味抱怨，发泄自己的不满，如果你能适当表露自己的情绪，则会让对方有种交心的感觉，自然愿意与你深交，这样，我们无形中便获得了一个朋友；如果你带着“面具”与之交往，那么，对方回馈给你的，也会是一张“面具”。

每个人在生活中都有自己的位置，每个人都扮演着不同的角色，在自己的世界里，我们是主角，在别人的世界里也许只是龙套。当喜则喜，活出真正的自己，坦然面对生活给予的一切，不要让苛求完美的心，使生活失去原本的真实。

第8章

求人办事，让对方心甘情愿帮助你的心理博弈

人是社会动物，任何人都不可能不求助于人，真正成大事者，往往懂得借助他人的力量。世上没有办不成的事，只有不会办事的人。一个会办事的人，可以在纷繁复杂的环境中轻松自如地驾驭局面，凡事逢凶化吉，把不可能的事变为可能，最后达到自己的目的。然而，怎样去求人，求什么人，也是大有学问的。为此，我们有必要学习一些求人办事的心理博弈策略。

巧妙铺垫，让请求顺其自然

人生在世，没有谁活在自己的世界里，社会是一个集体，学会说话、办事，少不了求人。为此，你就必须得舍得下面子，如果羞于表达，恐怕是没有人愿意答应你的请求的。然而，怎样去求人，求什么人，也是大有学问的。关于这些问题，我们可以从博弈心理学中找到答案。

生活中，人们都有这样的心理，对于那些关系一般或者不熟识的人都是心怀戒备的，并且也觉得没有必要答应对方的请求，而一旦对对方产生好感并愿意与之结交后，对于对方提出的请求也就欣然答应了。因此，在求人办事时，倘若向特别要好和熟悉的人求助，可以直截了当、随便一点。但有时求助于关系一般的人、生人或社会地位较高的人时，则常常需要一个“导入”的过程。这个导入过程可长可短，需视情况而定。

王小姐是一大型企业的总裁秘书，总裁的一切行程都由她安排，谁要想见总裁必须先过她那一关。在工作的几年中，她受到很多保险、地产业务员的骚扰，这不，又有三个业务员来了。

第一个业务员对王小姐说：“王小姐，你的衣服挺好看的。”此时，王小姐心里特想听听她的衣服好看在哪儿，结果那位业务员不再说了。王小姐心想，巴结我也不真诚，令人失望。

第二个业务员说：“王小姐，你的衣服挺漂亮的。主要是衣服搭配的好。”王小姐立刻想听自己的衣服哪里搭配得漂亮，结果也没有了下文，

话还是没有说到位。

第三个业务员说："王小姐，你的衣服挺漂亮的，真的很有个性。"事实上，王小姐已经没有了耐性，但还是想听听自己有什么样的个性。他接着说："你看，一般的白领穿衣服都很讲究衣服的职业性，但你不一样，在追求个性的同时又不失职业性。一般人手表都戴在左手腕，而你的手表都戴在右手腕上……"王小姐一听，还真觉得自己有点与众不同，挺高兴的，就让他见了老总，结果签了一个十万元的单子。

第三个业务员之所以能打动王小姐，见到了总裁，是因为"他踩在了前面两个人的肩膀上"，前面两个人已经对王小姐的服饰夸赞了一番，但没有让王小姐满足，而他在前两个人的基础上，说出了独到的见解，自然会有与众不同的效果。

人们对于自己不熟悉的人或事，往往都持有一种排斥的心理。因此，任何请求，如果直接了当，会显得突兀，让对方难以接受，如果我们能巧妙铺垫，然后再导入主题，对方会更易接受。

那么，具体说来，在求人办事的过程中，我们该怎样逐步"导入"正题呢?

1.先找到共同的话题

面对不熟悉的人，一开始最好避免开门见山地直述自己要达到的目的，应该迂回地谈些其他事情，比如天气、足球、服装、电影等，从中找到共同兴趣点，然后才在共同感兴趣的话题上不露痕迹地、自然地转到正题上去。

2.秉持"说三分，听七分"的原则

许多善于说话的人都强调"听"的重要性，因为只有善于倾听才能达到目的，听人说话的本意在于了解对方的心意，把握对方的想法和要求。而对方是商谈的主角，所以应让对方多说，以对方为中心而自己多听，从而更能掌握对方。

3."导入"正题时运用容易为对方所接受的说法

一句内容和中心思想完全一样的话，由于说法不同，产生的效果可能会有所不同。有的可能会让人觉得亲切、易于接受，有的则让人觉得生硬。通常反复强调你的想法未必能发挥太大的作用。

另外，还要尽量防止自己的话无意间冒犯了对方。所以，在有求于人时应事先对对方有所了解，若无意中冲撞了对方，岂非前功尽弃？

求人办事时，对方能不能答应你的要求，能不能全力帮助你把事情办成，关键是什么？关键在于他心里是怎么想的。他的心里怎么想问题，就决定了他对你提出的事是给办还是不给办。一般来说，如果你和所求之人是陌生人或关系不熟，那么，你就不能急于切入正题，而应该先拉近双方的距离，让一切看来水到渠成。

求人办事中的博弈智慧

一个人从踏入社会那一刻起，就意味着你必须学会如何说话，如何办事。说话、办事的能力怎样，也决定了这个人的人际关系和生存状况。世上没有办不成的事，只有不会办事的人。一个会办事的人，无论遇到什么困难，总会逢凶化吉，把不可能的事变为可能，最后达到自己的目的；一个会办事的人，总能通过自己的“手段”，把各种各样的事情协调得尽善尽美。同样的请求内容，不同的人，用不同的方法和语言表达出来，得到的结果常常是不一样的，其中体现的就是博弈智慧。为此，你需要记住。

1.过心理这一关

这里的心理关，指的是我们既然不能不求人，不如收敛一下自己的个性，大大方方地去求人，既不要贬低自己，也不要摆架子、虚张声势，摆正好心态，才能真正做到姿态上的不偏不倚，将自己真正融入到社会中。

2.放低姿态，适当请求

从心理学的角度看，谁都愿意听顺耳的话，何况是在被人求的时候。

有这样一个故事。

有个年轻人骑马赶路，见一位老汉在路边休息，他便在马上高声喊道：“喂！老头儿，离客店还有多远？”老汉回答：“五里！”年轻人策马飞奔，急忙赶路去了。结果一口气跑了十多里，仍不见人烟。他暗想，这老头儿真可恶，说谎话骗人，非得回去教训他一下不可。他一边想着，一边自言自语道：“五里，五里，什么五里？”他猛然醒悟过来了，这“五里”，不就是“无礼”的谐音吗？于是掉转马头往回赶，追上了那位老人，急忙翻身下马，恭敬地叫声“老大爷”，话没说完，老人便说：“天已黑了，如不嫌弃，可到我家一住。”

这是一则流传很广的故事，它通俗而明白地告诉人们在求人办事时要放低姿态。

3.要礼貌客气，让对方乐于接受

礼貌待人，这是求人成功的先决条件。在一般人际交往中，即使不求人，也要客客气气、以礼待人。如果有求于人，就更应该多些礼貌，这样人家才能对你的请求给予考虑，如果有求于人却不懂得讲究礼貌，人家即使有能力帮你的忙，也会因为你的自以为是而拒绝你。尤其是年轻人切记勿自以为是，让对方心生反感。

4.因人而异

求别人办事的时候，倘若能够明白对方属于哪种类型的人，说起话来就比较容易了。

1960年，美国黑人富豪约翰逊意欲在芝加哥为公司总部创建一所办公大楼，为此他跑了多家银行，但始终没有贷到款。此时，问题很严重，因为承包商已经聘请好了，一切已经如火如荼地开始了，工程所需费用还差500万美元。假如钱用完了他仍然拿不到抵押贷款，就只能停工待料。

这天，约翰逊和大都会人寿保险公司的一个主管在纽约市一起吃晚饭。

约翰逊拿出经常带在身边的一张蓝图正准备摊在餐桌上时，那位主管对他说："在这儿我们不便谈，明天到我的办公室来。"

约翰逊断定大都会公司很有希望给他抵押贷款，说："好极了，唯一的问题是今天我就需要得到贷款的承诺。"

"你一定在开玩笑，我们从来没有在一天之内给过这样贷款的承诺。"主管回答。

约翰逊把椅子拉近主管，说："你是这个部门的主管，也许你应该试试看你有无足够的权力，能把这件事在一天之内办妥。"

主管微笑着说："你这是让我为难，不过，还是让我试试看吧。"

结果非常理想，约翰逊成功地达到了自己的目的。

约翰的话明显是对那位主管能力和权威的一种挑战，尽管这位主管不一定真的有那么大的权力。但是，为了证明自己能完成这一有难度的任务，对方自然会答应。以激将法说服别人，务必找到并击中对方的要害，迫使他就范。就这件事来说，要害是那位主管对他自己权力的威严感。

5.预先取之，必先予之

我们都知道这样的人情常理：滴水之恩，当涌泉相报，别人给我一倍的东西，我会给他两倍甚至更多的东西。心理学上将这种现象称为互惠原则。

所谓"互惠原则"，是指受人恩惠就要回报。主要表现为，人们经常会以相同的方式，回报他人为自己所付出的一切，你怎样对待别人，别人就会怎样对待你。因为，当人们给予他人好处后，他人心中会有负债感，并且希望能够通过同一方式或者其他方式还这份人情。因此，根据这一心理原则，我们可以得出求人办事中的一个心理策略，那就是求人前先让对方看到自己的"利用价值"，表明我们的回报之心，让对方觉得自己的付出值得，自然会对你伸出援手。

6.求人不成也要保持良好态度

深谙博弈智慧的人都知道，求人是重复博弈，而非单次博弈。因此，即使求人不成，我们也要继续和对方交好。

当然，对于那些已经帮助过我们的人，我们更要感谢。求人帮忙是被动的，但事后感谢绝对是主动的，事后答谢对方能让对方进一步肯定我们，进而为我们的博弈画上完美的句号。

示弱法巧妙博得对方同情

人们总会不由自主地同情弱者，遇到事情不愿意袖手旁观置之于不顾。比如，当人们在讲述自己幼年丧父、生活艰苦等不幸的经历时，旁边的人都会不由自主地宽慰，并给予一定的帮助。装可怜虽然并不是被人们常用的一种方法，但却是非常有效的一种方法。为此，在求人办事时，我们也可以运用示弱这一心理博弈的方法，当对方不愿意帮忙或者正犹豫不决的时候，你不妨开口“装可怜”，激起对方的保护欲，一旦对方觉得你的说法真实可信，他很有可能做出让步，答应你的请求。

汽车巨头亨利·福特公司的贸易业务很忙，桌子上总是堆满了各种催账单。福特每次都是大概看一眼后，就把账单扔在桌子上，对经理说：“你们看着办吧，我也不知道该先付谁的好！”

但是有一次，他从一大堆催账单中抽出一张对财务经理说：“马上付给他！”

这是一张传真来的账单，除了列明货物标的、价格、金额外，在大面积空白处还画着一个头像，头像正在滴着眼泪。

“看看，人家都流泪了，”福特说，“以最快的方式付给他吧！”

谁都明白，这个催账人并非真的在流泪，他之所以急着催账，可能另有苦衷或急需资金，他的几滴眼泪迅速引起对方重视，以最快的速度要回了大笔货款。看来，这眼泪的威力实在不可小看啊！

生活中，我们可能都有这样的体验，似乎总是不愿意拒绝那些对我们示弱者的请求，因为他们总会激起自己内心的同情和保护的欲望，这也是人们的普遍心理。所以，在希望获得他人帮助时，我们完全可以用这一方法来催眠对方，以此来博得对方的同情，让其不好拒绝。

具体来说，运用示弱这一方法来催眠对方，可以从以下几个方面着手。

1.用哭声打动对方

三国时期的蜀主刘备是精于哭道的高手，于是，有人戏称“刘备的江山是哭出来的”。虽然，这样的说法有失偏颇，但是，“哭”的确是求人办事的“秘密武器”，尤其对于男人而言，他们是抵挡不住女人的眼泪的。因此，在提出自己诉求的时候，你若能不失时机地流下几滴眼泪，会激发对方的保护欲，必然会爽快地答应你的请求。

2.先批评自己

在求人办事的时候，你率先就自我批评“不好意思，都是我不好，把这样的事情告诉你，给你带来了麻烦”，不妨装一下可怜，使对方产生同情，以此来达到自己的目的。

3.申述自己的处境，以表示求助于人是不得已之举

20世纪90年代，某国一工厂某车间接到国库券认购任务。这是一个上百号工人的大厂子，因此，有几百名工人认购了不同的数额，但工厂偏偏有几个不愿认购的“老顽固”。这几个拥有30年工龄的老工人，任凭车间主任磨破了嘴皮，依然不肯认购：

“不是说要自愿吗？我不自愿！”

前后已经开了三次动员会，依然毫无结果。车间主任是个女性，下班后她把这几位老工人送到车间门口，轻声说：“我只讲最后一句，我现在很为难，请大家帮个忙。”

奇怪的是，原先态度还强硬的老工人听了这句语重心长的话，竟纷纷表示：“主任，我们不会让你为难。”说完，大家立即转身回去签名认购。

很快，国库券的认购任务就完成了。

一句充满人情味的求助话，居然比通盘大道理更具有说服力。作为老工人，虽然文化水平不高，但重情义。现在，领导不是讲大道理，而是请他们帮忙。他们想："领导看得上咱，岂能不给面子？"就这样，气一下顺了。那位车间主任，在正面强攻不下的情况下，改用避实就虚、迂回包抄的战术，先了解对方的心理需求，然后由虚而实，从而达到目的。可见，诚恳的请求，实为有效的说服方法。

因此，在提出自己诉求的过程中，你不妨通过语言表现自己的无助，比如"我也是没有办法，不然，我是无论如何都不会来麻烦你的，还希望你能够帮我这个忙""现在我是一点办法都没有了，希望你能帮忙出个主意"，对方看到你无助的样子，定会毫不犹豫地答应你的请求。

4.充分阐明自己所请求之事并非与被请求者无关，以使对方不忍无动于衷、袖手旁观

王丽是一名数学老师，她教学成绩一直突出，但却因为和校领导关系不好，而一直没有被评上职称。她上告到上级主管领导处，虽然竭尽所能让领导引起对自己处境的同情，但仍收效不大，这位领导听后反而推辞说："评不上是你学校的问题，学校不上报，我又有什么办法？"

王丽对这样的情况早已做好准备，她立刻说："如果学校能解决，我就不会来麻烦您了。我是逐级按程序反映。你是上级领导，而且又主管这方面的工作，下面在这方面出了问题，您是有权过问的。如果您不及时处理，出现更大麻烦，那就晚了。我想，只要您肯过问，您的意见他们会听的。"

这番话很奏效，这位领导很快改变了态度，事情最终得以解决。

当然，表现"情"时不能冷冰冰的毫无感情，也不能表现得过度热情。求人办事时，"情"的展现也只是一种客套而已，而怎么恰当地"客套"是值得研究的。

人心都是肉长的，再强势、再铁石心肠的人，其心灵都有最柔软的地

方，这就是同情心。同情心是人与生俱来的本性，是人作为群居动物所根深蒂固的习性，在求人办事时，你若能直击人类最善良的本性，适当诉说苦楚，激发对方的同情心，那么，我们求人办事的成功率便会大大提高。

给对方戴顶高帽子，让其不敢摘下来

在生活中，每个人都喜欢听好话，也就是人们所说的恭维，它会激发听者的自豪和骄傲。从我们自身来说，恭维完全可以是求人办事时最好的手段之一，恭维的时候，先把对方捧高，让其不好意思拒绝你的要求。比如，我们可以给对方一个超过事实的美名，让其自我感觉良好。这样对于你的请求，他又怎么好意思拒绝呢？

我们先来看这样一个故事：

从前，一个秀才高中，马上就要到京城做官去了，离别前，他要向自己的老师拜别。

恩师对他说："京城不比家里，那里人心险恶，你需要求人办事的地方多了，切记一定要谨慎行事。"

秀才说："没关系，现在的人都喜欢听好话，我呀，准备了100顶高帽子，见人就送他1顶，不至于有什么麻烦。"

恩师一听这话，很生气，以教训的口吻对他说："我反复告诉过你，做人要正直，对人也该如此，你怎么能这样？"

秀才说："恩师息怒，我这也是没有办法的办法，要知道，天底下像您这样不喜欢戴高帽的能有几人呢？"秀才的话一说完，恩师就得意地点头称是。

走出恩师的家门之后，秀才对他的朋友说："我准备的100顶高帽子现

在只剩99顶了！”

这个故事虽然是个笑话，但却说明了一个道理，那就是谁都喜欢听赞美的话，就连那位教育学生“为人正直”的老师也未能免俗。

这一现象是有一定的心理原因的，因为人都有一种获得尊重的需要，即对力量、权势和信任的需要；对地位、权力、受人尊重都会有所需求，而赞美则会使人的这一需要得到极大的心理满足。

因此，在求人办事时，我们也不妨采取这一心理博弈策略。人一旦被认定其价值时，总会喜不自胜，在此基础上，你再提出自己的请求，对方自然就会爽快地答应。心理学家证实：心理上的亲和，是别人接受你意见的开始，也是转变态度的开始。由此可知，求助者要想在求人办事过程中取得成功，一个行之有效的方法就是给其戴戴高帽子。我们再来看看下面的小故事：

一位妇女抱着小孩上火车，车上位子已经坐满，而这位妇女旁边，一位小伙子却躺着睡觉，占了两个人的位子。孩子哭闹着要座位，并指着要他让座。小伙子假装没听见。这时，小孩的妈妈说话了：“这位叔叔太累了，等他睡一会儿，他就会让给你的。”

几分钟后，小伙子起来客气地让了座。

这位妇女无疑处于“求人”的地位，她能靠一句话求人成功，聪明之处正在于以一个“礼”字把对方架在了很高的位置：他应该休息，而且他是个好人，如果他不“睡”了，他会主动让给你的。显然，一个再无礼的人面对这样的礼貌也不会无动于衷。我们再来看下面一则故事：

某工程机械制造厂的科长与其部属的对话：“小李，你看起来气色蛮好的嘛，听说最近挺清闲的？你看人家小张，多忙！在这个社会上，总是能者多劳的。不过听说你的英文很棒，反正闲着也是闲着，帮我翻译一下这篇稿子，这个礼拜就要！”

“这礼拜？我恐怕要跟你说声抱歉。下星期一我有一个会议，必须准备相关资料，可能没时间为你翻译，科长不也是大学毕业的吗？我看根本不

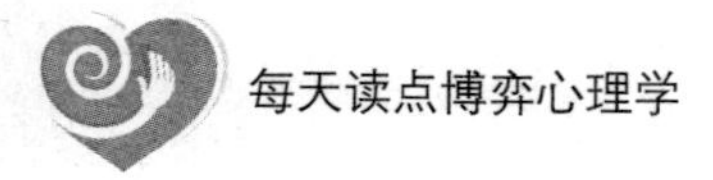

用托我嘛，反正我正职的工作都做不好，就别说翻译这么重要的事情了。”

“啊，我知道了，算了，不求你也罢。”

这里，科长求人办事的方法实在不对，找部属替自己翻译，是要去说服而不是贬低他。拿对方同别人相比，言辞间流露出批评之意，甚至还批评对方工作没做好。如此一来，对方哪还会想替你做事。事实上许多人都是这样，在求人办事的时候，不懂得抬高对方，反而伤害了他人的自尊，却还一副若无其事的样子。碍于上司与下属间的关系，对方即使受到伤害，也不至于当场和你翻脸。但是长期下来，部属心中对上司的不满也会忍不住要溢于言表了。

如果科长像下面这样说话，也许就不会碰壁了：“小李，你最近有空吗？听说跟你同期的小张最近很忙。知识经济时代，真是能者多劳啊。下周又要开会，你现在一定也很忙吧！我曾听人说你的英文不错，不知能否抽空帮我翻译一下这篇文章呢？是非常重要的资料，急着要的，行吗？”

如此和气的请托，谁会忍心拒绝呢？这是因为他的自尊心得到了极大的满足。无论是谁，对自身的东西都会有一种自豪、珍惜之情。尊重这份感情，就能赢得对方的信赖，获得对方的帮助。

那么，我们应该怎样使用这一心理博弈策略呢？

1.了解对方，给对方戴一顶最适合的“高帽子”

每个人都有其最自豪的地方，我们在抬高别人之前，就要先找出对方最值得赞扬的地方，然后加以赞赏，必然会得到他的好感，要说服他，或者请他帮忙也就不再是难事了。

2.不留痕迹地夸大别人的优点

抬高别人，难免要说一些恭维之辞，把对方的优点加以拔高、放大。这样的话有明显讨好之意，因此，我们在抬高别人的时候，一定要说得巧妙，最高明的做法是自然而然，不露痕迹。

3.适当示弱求帮助

用商量的口吻向对方说出自己要办的事，是一种巧妙的办法。装作自己没有任何把握，将建议与请求等慢慢表达出来，给对方和自己留下一条退路。比如说："这件事我办起来很困难，你试试如何？"

当然，在求人办事时，所谓的"恭维对方"，就是"捧"，是指对所求人的恰到好处、实事求是的称赞，并不包括那种漫无边际、肉麻的吹捧。求人时说点对方乐意听的话，尤其是顺便就与所求的事有关的方面称赞对方一下，也不失为一种求人的好办法。

软磨硬泡，对方总会答应

在现实生活中，一些人在求人办事的过程中，对方一拒绝就失去信心，其实这样是什么事都办不成的。常言道：人心都是肉长的。在求人办事过程中，不管对方态度有多坚决，只要你善于用行动证明自己的诚意，表明自己坚决的态度，那么对方必定会给你机会，于是你就"泡"出成功了。

我们可以认为，软磨硬泡法也是一种心理博弈策略，只要我们有耐心，总会让对方"就范"。

也许你会问，软磨硬泡不就是死皮赖脸吗？实则不然，软磨硬泡立足于韧性与耐心，着眼于感化对方，所谓"精诚所至，金石为开"就是这个道理。中国人都好情面，许多事情经过软磨硬泡都可以办到。很多时候，我们所求之事明明合理，可是正常渠道却走不通，这时只有多"磨"才能办成想办的事。

因此，在求人办事时，你应该克服害羞和自卑心理，学会厚着脸皮，主动出击，不达目的誓不罢休。

刘先生开办的公司最近资金出了问题，他原本想通过向银行贷款解决这一问题，但无奈却被银行拒绝了。随后，他想到了张老板。但问题又出现了，据说张先生是个出了名的铁公鸡，从不愿意借钱给别人。怎么办呢？

刘先生深知用一般的方法来向他借钱，绝无成功的可能。他经过深思熟考后，就打电话给张先生，约好见面的时间和地点。这天，刘先生并没有开车，而是搭乘公共汽车前往，然后在离张先生家还有150米时，他就下车开始全速跑向张先生家。

那时虽是春天，但天已经开始热起来了，刘先生跑到的时候，已经是大汗淋漓，张先生见了他非常诧异地问："你怎么回事？一身汗！"

"我怕赶不上时间嘛，只好跑着来！"

"你怎么不打车呢？"

"其实，我很早就出发了，上了公共汽车后，却又遇到堵车，没办法，我看时间不够了，就只好下车跑过来了！"

"像你这种人也会坐公共汽车吗？"

"怎么？您不知道其实我这个人很节约的，不过别人都说我吝啬，我怎么会坐计程车呢？坐公共汽车既便宜又方便，而且自己没有私车的话，也省了请司机的开销。其实，还是用双脚最好，碰到赶时间的时候，只要跑就可以了，既不花钱，又可强身，多好啊！我这种吝啬的人哪会像你们大老板一样有自己的私车呢？"

"我也很小气啊！所以，我也没有自家的车子。"张先生谦逊地说。

"您那叫节俭，我这叫小气，所以才有'小气鬼'的绰号。"

"但是我从来没听说过你是这种人。其实，我才真的被人认为是吝啬鬼。"

"张先生，人不吝啬的话，是无法创业的，所以，人不能太慷慨。我们做事业的人都是向银行或他人贷款来创业的，当然应该节俭，千万不能随便地浪费钱啊！我们要尽量地赚钱，好报答投资的人。钱财只会聚集在喜欢它、节俭它的人身上……我经常对下属这么说。"

刘先生的这些话使张先生产生了共鸣，于是很反常地借钱给了这个相

见恨晚的刘先生。

刘先生在求人办事上的这一套手法着实很耐人寻味，面对一个吝啬的人，他一反常人的做法，说明吝啬的好处，引起了对方的同感，继而成功借到对方的钱，挽救了他的事业。

需要指出的是，“软磨硬泡”不是消极地耗废时间，也不是硬和人家耍无赖，而是要善于采取积极的行动影响对方、感化对方，促进事态向好的方向转化。有时候对方推着不办，并不是不想办，而是有实际困难，或心有所疑。这时，你若仅仅靠“泡”很难奏效，甚至会让对方很烦，更不利于办事。这时嘴巴上的功夫就显得十分重要了。要善解人意，抓住问题的症结，巧用语言攻心。

表面上看这种方法很简单，但却并不容易做好。要想用此方法达到求人目的，需要把握好以下两个条件：

首先，必须控制好自己的情绪，要有打持久战的准备。

不得不说，一些性格急躁的人在求人办事时也会表现出这些缺点，一旦对方拒绝就失意、烦躁、甚至发火，其实这样都无益于事情的解决。你要学会先深呼吸，告诉自己要冷静下来，不羞不怒表现出对对方处境的理解，对方也会因为没有帮上你的忙而觉得内心愧疚，此时，你就站在了主动的位置上，可以方寸不乱，调动自己全部的聪明才智，想方设法去突破僵局，也许会消耗一定的时间但一定会成功。

另外，“软磨硬泡”打的就是持久战，需要的就是时间，但时间恰恰就是一种武器。我们谁都有时间，但谁又都珍惜时间，如果你足够有耐心，那么这场战争就能胜利。所以，你一定要沉住气，耐心地牺牲一点时间，成功就会等着你。

其次，必须是“赞美”“哀求”“硬磨”三种方法一起上，缺少一种都达不到让对方哭笑不得的效果，也就难以达到你想要的结果。

总之，“软磨硬泡”是一种求人办事的心理博弈策略，它能以消极的

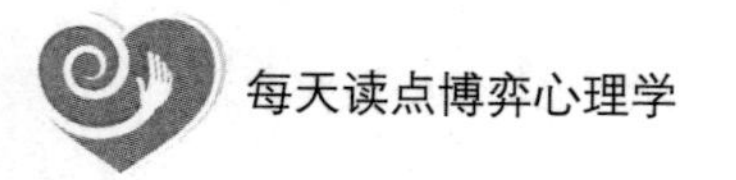

形式获得积极的效果，可以表现自己不达目的不罢休的决心和毅力，给对方施加压力，也能够增加接触机会，更充分地表明自己的态度、思想和感情，以影响对方的态度、达到求人的成功。

表达事情的难度，激发对方的挑战欲

有时候，我们求人办事，正面劝说的结果似乎总是事与愿违。但我们可能忽视了一点，那就是人们都有不服输的逆反心理，越是被否定，越是要证明自己；越是受压迫，越是要反抗。如果我们告诉对方事情存在一定难度，他可能办不到时，那么便能激起对方的挑战欲，从而愿意一试。

《三国演义》中有这样一个故事：

马超率兵攻打葭萌关的时候，张飞主动请求出战。

诸葛亮却佯装没听见，对刘备说："马超智勇双全，无人可敌，除非往荆州唤云长来，方能对敌。"

张飞说："军师为什么小瞧我？我曾单人独骑抗拒曹操百万大军，难道还怕马超这个匹夫？"

诸葛亮说："你在当阳桥抗曹，是因为曹操不知道虚实，若知虚实，你怎能安然无事？马超英勇无比，天下的人都知道，他在渭桥大战曹操，把曹操杀得割须弃袍，差一点丧命，绝非等闲之辈，就是云长来也未必能胜他。"

张飞说："我今天就去，如战胜不了马超，甘当军令！"

诸葛亮看"激将法"起了作用，便顺水推舟地说："既然你肯立军令状，便可以为先锋！"

实际上，在《三国演义》中，诸葛亮常用这种方法来"激"张飞，因为他深知张飞是个火爆脾气，于是每当遇到重要战事，先说他担当不了此

任，或说怕他贪杯酒后误事，激他立下军令状，来激发他的斗志和勇气，以清除他轻敌的思想。

在求别人办事的时候，倘若能够明白对方属于哪种类型的人，说起话来就比较容易了。

1960年，美国黑人富豪约翰逊意欲在芝加哥为公司总部创建一所办公大楼，为此他跑了多家银行，但始终没有贷到款。此时，问题的严重性在于，承包商已经聘请好了，一切已经如火如荼地开始了，此时，工程所需费用还差500万美元。假如钱用完了而他仍然拿不到抵押贷款，他就得停工待料。

这天，约翰逊和大都会人寿保险公司的一个主管在纽约市一起吃晚饭。

约翰逊拿出经常带在身边的一张蓝图。正准备将蓝图摊在餐桌上时，那位主管对他说："在这儿我们不便谈，明天到我的办公室来。"

第二天，当约翰逊断定大都会公司很有希望给他抵押贷款时，说："好极了，唯一的问题是今天我就需要得到贷款的承诺。"

"你一定在开玩笑，我们从来没有在一天之内给过这样贷款的承诺。"主管回答。

约翰逊把椅子拉近主管，说："你是这个部门的主管，也许你应该试试看你有无足够的权力，能把这件事在一天之内办妥。"

主管微笑着说："你这是让我为难，不过，还是让我试试看吧。"

结果非常理想，约翰逊成功地达到了自己的目的。

约翰的话明显是对那位主管能力和权威的一种挑战，尽管这位主管不一定真的有那么的权力。于是，为了证明自己能完成这一有难度的任务，对方自然会答应。以激将法说服别人，务必找到并击中对方的要害，迫使他就范。就这件事来说，要害是那位主管对他自己权力的威严感。

在生活中，有些人如果正面激励他完成某项任务或者帮我们办事的话，他会推三阻四，讨价还价，即或是勉强答应，也像欠了人情，如果我们能将"激将法"这一博弈策略运用得好的话，在说话办事的过程中将会

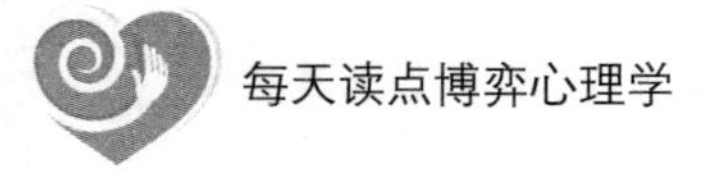

如虎添翼。

那么，这一博弈策略具体有哪些方式方法呢？

第一，明激法

明激法是充分利用对方的逆反心理，直接了当地给对方以贬低、羞辱、刺激。通过一阵“猛雷”给对方当头一棒，使其精神振作从而达到你的目的。比如，你可以这样说：“我明白，您老不帮忙，可能也是心有余而力不足吧？”这句话在他心里的分量是很重的，因为每个人都不愿意被人看扁。

第二，暗激法

暗激法就是借赞他人来贬损对方，达到激将的目的。

勾践出兵伐吴，半路上遇见一只眼睛瞪得大大的，肚子鼓得圆圆的，好像在发怒的大青蛙，勾践于是手扶车木，向青蛙表示敬意，手下人不解，问其缘故，勾践说：“青蛙瞪眼鼓肚，怒气冲天，就像一位渴望战斗的勇士，因此我对它敬重。”全军将士都觉得受大王恩惠多年，难道不如一只青蛙？于是相互劝勉，抱着坚定的信念，驰骋疆场，为国立下战功。

除此之外，我们在运用这一博弈策略的时候，要先了解对方，因人而用。要对对方的心理承受能力有所了解，如果激而无效，那么也是白费力气。还有，说话要掌握火候，语言不能“过”。如果说话平淡，就不能产生激励效果；如果言语过于尖刻，就会让对方反感。语言不能过急，也不能过缓。过急，欲速则不达；过缓，对方无动于衷，无法激起对方的自尊心，也就达不到目的。

在求人办事过程中，如果只用直截了当的语言请求他们，他们也许会一再拒绝。在这种情况下，我们不妨表达事情的难度，以此来激发对方的挑战欲，尤其是当自己的权威、能力受到质疑的时候，他们的自尊心、自信心就会被激发起来。

总之，巧言激将，一定要根据不同的对象，采用不同的激将法，才能收到满意的效果。犹如治病，对症下药，才有疗效。

第9章

化敌为友，让对手为我所用的心理博弈

人生在世，谁都有几个对手，没有对手，也许轻松，但很可能是人生的悲哀。因为，没有对手，说明你不被别人重视，你的价值被低估，就有可能失去了前进的目标。但在与对手切磋、较量的过程中，只有学会一些心理博弈的技巧，做到求同存异和让步，才能求得一个大家都能满意的结果。要知道，没有永远的敌人，也没有永远的朋友，恶意斗争只能两败俱伤，而化敌为友则是一项双赢的举措。但前提是我们要主动伸出友谊之手，学会尊重和重视对方。

传递友善，化敌为友

在谈这个问题之前，我们需要先了解博弈论上的斗鸡博弈，这个模型是这样的：

试想，现在有两只斗鸡相遇了，很明显，每只公鸡有两个行动选择：一是退下来，一是进攻。如果一方退下来，而对方没有退下来，对方获得胜利，退下来的公鸡则很丢面子；如果对方也退下来，双方则打个平手；如果自己没退下来，而对方退下来，自己则胜利，对方则失败；如果两只公鸡都前进，那么则两败俱伤。因此，对每只公鸡来说，最好的结果是，对方退下来，而自己不退。

从斗鸡博弈中，我们不难发现，对于竞争的双方来说，最好的结果莫过于双方都退让一步，也就是把对手变为朋友。不得不承认某些人是蓄意阻挡我们前进，然而，在大多数情况下，双方确实因为阴差阳错而交恶。在这种局面下，我们不能采取针尖对麦芒的方式，而应该学会调整自己的心态，如果能化敌为友，那么，不仅能避免两败俱伤的局面的出现，还有可能找到一条让双方共同前进的道路。下面是世界上的顶级富翁巴菲特和比尔盖茨之间的一段故事：

曾经一度，世界首富比尔·盖茨和世界第二富翁沃伦·巴菲特是两个互不相干的人，并且盖茨认为巴菲特是一个小气、顽固、靠投机敛财的人。但后来的一次机遇，让他们重新认识了彼此，并建立了深厚的友谊。

这件事情发生在1991年。

一天，巴菲特给盖茨寄去了一张华尔街CEO聚会的请帖，主讲人就是巴菲特，因为对巴菲特心存偏见，盖茨对这次聚会不屑一顾，对于这张请帖，他也随手丢到了一旁。这一幕被盖茨的母亲看到了，她劝解儿子："我倒是觉得你应该去听听，他或许恰好可以弥补你身上的缺点。"母亲的话对盖茨起到了作用，他决定以全新的态度去认识巴菲特这个商界前辈。

二人见面后，对盖茨同样心存偏见的巴菲特也傲慢地说："你就是那个传说中非常幸运的年轻人啊？"在听过母亲的劝解后，盖茨是抱着一颗真心来结识巴菲特的，因此，听到巴菲特并不客气的问候，他没有针锋相对，而是真诚地鞠了一躬："我很想向前辈学习。"盖茨的这一举动让巴菲特觉得很意外，但也很感动，就是这一举动，让巴菲特对盖茨的印象一下子好了很多。

就在离会议开始还有一段时间时，这两个商界奇才坐到了一起，他们就世界经济这一问题发表了自己的看法，他们发现，原来彼此对于很多问题的见解都如此惊人的一致，除此之外，他们还有很多共同点，都是白手起家、热衷冒险、不怕犯错误。不知不觉中，时间溜过去一个多小时，意犹未尽的巴菲特被催促着来到演讲台上，他的开场白竟然是："在开始讲话之前，我想说的是，今天我第一次和比尔·盖茨交谈，他是一个比我聪明的人。"

从这次聚会之后，他们之间进行了更为密切的交往，随后，他们都发现原来彼此从前对对方存有很深的偏见。盖茨逐渐认识到，原来巴菲特并不是人们所说的吝啬小人，而是对金钱有着超凡脱俗的深刻见解，他说"财富应该用一种良好的方式反馈给社会，而不是留给子女"。就是在他的影响下，一心忙于工作、对婚姻持怀疑态度的盖茨终于学会了热爱家庭。

而在巴菲特眼里，盖茨也是个年轻有为的"真人"。2006年6月15日，盖茨宣布将逐步退出微软，专心从事慈善基金会的事业。紧随其后，6月25

日，巴菲特因为妻子过早去世，决定把370亿美元的财产捐给盖茨的慈善基金会。

巴菲特多次公开说，此生最了解他的人就是盖茨；而盖茨尊称巴菲特为自己人生的老师。

可以说，盖茨和巴菲特之间偏见的解除，是由盖茨这个年轻人的一句“我很想向前辈学习”而逐渐解开的，他曾经给巴菲特的印象就是一个幸运的年轻人，而当他决定用真心去结交巴菲特的时候，他已经跨出了交往的第一步，这样才会有后来两人关系的逐渐好转直到成为莫逆之交。从这个故事中，我们看出一点，人与人之间的感情是相互的，要想获得他人的喜欢，我们首先就要尝试喜欢他人，主动伸出友谊之手。

的确，在生活中无论我们处于怎样的工作和生活环境中，相信都有一两个劲敌，他们也可以说是你的对手，对此，你会怎样呢？是嫉妒还是欣赏？是大声叫好还是不屑一顾？尤其是当你发现对方已经赶超你的时候，若你为他鼓掌，则会化解对方对你的不满和成见，改变对你的态度，他会觉得你慷慨地付出自己的真诚，从此他也会给予你支持。人都是这样，死结越拧越紧，活结虽复杂，却容易打开。

不得不说，在面对对手和敌人时，人们多半会采取不屈不挠、抗争到底的态度，然而，真正明智的人会选择另外一种方式：站到敌人身边去，与敌人成为朋友。

人际交往其实也是博弈的过程，如果双方博弈的结果是“零和”或“负和”，那么，一方得益的同时，就会使另一方受损或者双方都受损，最终导致的结果是两败俱伤。所以，为了生存，我们必须要学会共赢，要达到共赢，在人际交往中，我们就要做到。

一方面，我们要用友善的态度对人，在与人交谈的时候，要多考虑对方的感受，不要轻易地说出让他人心情不悦的话，更不要随便当面指出对方的缺点，即使他人有什么过错，也应该迂回、委婉地指出来，让他人感

受到你的善解人意，这样才能取得别人更多的信任和喜爱。

另一方面，与任何人交往，都不可太过感性，如果只与那些说好话的人交往，就会掉进奉承的陷阱里，而交不到真正的朋友。

再次，我们应该放宽自己的眼界，不要只与自己喜欢的人交往。因为很多我们不喜欢的人，却是能激励我们成长的人，他们用忠言逆耳，常常不厌其烦地指正我们的行为。

把对手变为朋友，从经济学的角度看，不仅能在竞争中不战而胜，更能交到一个与自己实力相当的朋友，实乃一举两得的美事。

向你的敌人求助，能改善彼此关系

当今社会，竞争激烈，每个人都希望超越竞争对手一步，这样你才能获得晋升的机会，你的前途自然就会一片光明。所以，如何与对手博弈就是值得我们思考的问题。的确，很多情况下，面对对手，人们更多采取的是打击的方法，其实，这样做还不如化敌为友、化干戈为玉帛。为此，我们有必要掌握改善与对手关系的博弈策略，其中的一个方法就是向对方学习，这样，不仅能取人之长，补己之短，全面提高自己的综合竞争实力，还能让他们感受到我们自身知识与能力的不足，自然会向我们传递友好、改善关系。

“小姜毕业一年多就提升为业务经理，真了不起，大有前途呀！祝贺你啊！”在外单位工作的朋友小叶十分钦佩地说。“没什么，没什么，老兄过奖了。主要是我们这儿水土好，领导和同事们抬举我。”小姜说完后，见同一年大学毕业的小吴在办公室里，便压抑着内心的欣喜，谦虚地对他说：“小吴，小叶来了，晚上一起吃个饭呗，我正好有个问题要请教你呢。到时候别忘了。”小吴虽然也嫉妒小姜被提拔，但见他这么谦虚，也就笑盈盈地主动招呼小姜的朋友小叶：“请坐啊！”

案例中，小姜的做法是对的，小吴是他明里暗里的对手，对于他的成功肯定是嫉妒的，而他主动降低姿态请小吴吃饭并请教他，表现出他的虚心，自然也就压制住了小吴的不满。而不难想像，小姜此时如果说什么“凭我的水平和能力早可以提拔了”之类的话，定会引起小吴的嫉妒。身在职场处于优位时，自然是可喜可贺的事。如果别人一奉承，你就马上陶醉而喜形于色，就会无形中加强别人的嫉妒心理。可见，在办公室里，言谈中多一些谦虚的话，就能有效地减弱同事们的嫉妒心理。

日本企业家福富先生曾经有过这样一段工作经历。

那时候，他才17岁，他的同事们都是一些富有经验的老员工，对于这样一个年纪轻轻的毛头小子自然会轻视。因此，福富决心一定要做出一番成绩来，向他人证明自己的实力。

对于老员工们的鄙视，他并没有退缩，而是大大方方求教，力求从中学会一点东西，知道一些事情。

后来，他即使在公司遇到老同事，也不会避而不见或者躲开，而是主动上前，躬身行礼并谦虚地招呼说：“我难免有做不到的地方，请多指教！”面对这样一个谦虚的年轻人，谁又能拒绝得了呢？于是，他们就以长者的风度指出他应该注意和改正的地方。福富洗耳恭听，然后立即按照他们的指导改正自己的缺点，以求做得更好。

功夫不负有心人，两年后，福富明显成长了许多。老板居然破格提拔他为公司的部门经理，此时的他，才19岁。

从这个故事中，我们得出个结论，如果你要想在职场中搞好人际关系、尽快得到提升，那么就应该勇敢地向他人学习，提高学习能力，注重学习细节，以促进自我的早日成功。

然而，实际上，一些人特别是具备高学历的人一般都很自负，他们认

为自己无所不知，专业知识丰富，平时的工作方式虽然与同事们有差别，那也是自己的工作风格和个人魅力的所在，这样的细节问题不是评定自己工作能力的标准。真的是这样吗？要知道，你的文凭只代表你过去的文化程度，它的有效期最多也就 3 个月。你如果要想在优秀的企业中站住脚，就必须从小学生做起，积极主动地向旁边的人学习。反之，你就不可能在竞争激烈的职场中有所成就。

当然，面对竞争对手，一定要放低身份，表现自己的良好修养，特别是在与比自己身份低的竞争对手说话时尤为重要。偶尔说一说“我不明白”“我不太清楚”“我没有理解您的意思”“请再说一遍”之类的话，会使对方觉得你富有人情味，没有架子。相反，趾高气扬，高谈阔论，锋芒毕露，咄咄逼人，则容易挫伤别人的自尊心，引起他人反感，以致对方筑起防范的城墙，从而导致自己的被动。

当然，除了向对手请教外，要想改善彼此关系，我们还要掌握一些博弈心理策略，具体包括以下方法。

1.要认可和承受对手的能力

当我们看到自己取得成功的时候总是兴奋不已，希望有人为自己鼓掌。可是当身边人，包括你的对手取得成功的时候，你该怎样去面对呢？是嫉妒还是欣赏？是大声叫好还是不屑一顾？尤其是那些你平日与他相处得很紧张的人成功时，你为他鼓掌，会化解对方对你的不满和成见，改变他对你的态度，从此，他也会给予你支持。

2.懂得为对手付出

要知道，为自己付出容易，为他人付出难，为自己的对手付出更是难上加难，这需要我们有宽宏大量的精神，而且，这种付出不仅仅是物质上的，还有精神上的。因此，当别人处于困境中时，你的一句简单的鼓励，都可能让对方重新站起来。

当然，放低姿态，不是指低声下气、奉承谄媚。说话、做事时放低姿态是一种艺术。尤其是在我们得意之时，与同事说话，要谦和有礼，这样才能显出自己的君子风度，淡化别人对你的嫉妒心理，维持和谐良好的人际关系。

有了误解，就要主动认错

在生活中，我们难免会出现失误，比如说错话、做错事，这都会让对方心生不悦，如果我们没有认识自己的错误而继续自己的言谈，那么，很可能让交谈陷入尴尬境地，而即便对方没有表现出对自己的不满，也会心生不悦并可能随着时间的推移而逐渐加深。而假若我们能主动承认错误、把话说开，那么对方心中的不快会随之消失，也会因为我们敢于承认错误而对我们留下好的印象。所以说，主动认错是一种很好的催眠方法，能赢得人际交往中的主动。

《人生的弱点》中讲了这样一件事。

我住的地方，靠近纽约中心。从家里出门步行一分钟，就是一片森林。我常常带着雷斯到公园去散步。它是一只温驯而不伤人的小狗，因为公园里游人稀少，我一般不给它系上狗链或戴口罩。

有一天，在公园碰到一位骑马的警察。他拦住我们："干吗不给它系上链子？"他训斥道："不知道这是违法的吗？""是的，我知道。"我连忙温和地回答："不过我的狗从来不咬人。""不咬人！这是你自己的想法，法律可不管你怎么想。他可能在这里咬死松鼠，也可能咬死小孩。这次我不追究，下次我再看到这只狗不系链子，不戴口罩，你就只好去跟法官解释啦！"我客气地点头，连说"遵命"。我的确照办了，可是雷斯不喜欢戴口罩，下一次我决定再碰碰运气。

这天下午，雷斯和我在一座小山坡上赛跑，突然间，我又碰上了那位执法大人，我知道这回要倒霉了。于是不等警察开口，就抢在他前头说："警官先生，这下你当场抓到我了。我确实有罪，触犯了法律。你在上个星期就警告过我了。""好说，好说。"警察说话的声调意外的温和。"我知道在没有人的时候，谁都会忍不住要带这么好的一只小狗出来溜达。""这倒是的，"我说，"但我违反了规定。""这条小狗大概不会咬伤别人吧？"警察反而为我开脱起来。"这样吧，你们跑到我看不见的地方，事情就算了。"我向他连连道歉，带着小狗走过了山坡。

这位警察前后态度的变化，缘于狗主人的语言艺术，假如这位带狗的主人不是赶紧道歉认错，而是设法辩解，不管他的理由多么充分，恐怕也不能得到警察的谅解。在人际交往中，只有缺乏智慧的人才会为自己的错误寻找借口，强词夺理；而智者总能够坦率诚恳地道歉认错，取得对方的谅解。

那么，我们在运用主动认错这一博弈心理策略的时候，该注意哪些语言技巧呢？

1.先道歉后解释

诚恳认错，才能获得谅解。有错就应该勇敢承认，并注意自己的认错态度，不要试图给自己找借口。另外，道歉后，你可以向对方解释一下，才能表示自己的诚意。如："对不起，这事我做得真不对。事情是这样的……"

2.道歉时的语气和态度

真诚的道歉，应该做到态度温和、诚恳并且不卑不亢。另外，道歉时，切不可语言重复啰唆，而应该简洁、明了，在表明自己的态度后对方一般都会谅解，此时就不必多说了。

3.假如你觉得当面道歉说不出口，可用别的方法代替

如果你与某个朋友发生了不愉快的事，你可以打电话问他："还生气呢？"即使对方以前再生气，面对你的道歉，他一般都会说："生什么气

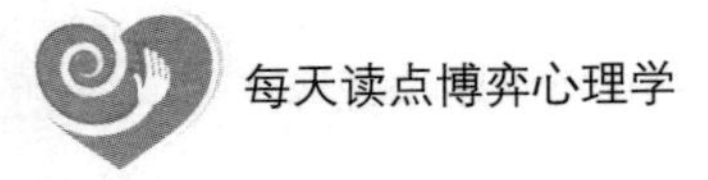

啊。”可见，打电话致歉是个好办法。

4.没有错，有时也需要道歉

这种情况常适用于管理者。当你的下属在工作中未能恪尽职守，或者某一方面的工作不尽人意，为了促使下属进一步反省，也为了挽回单位的信誉，作为管理者应诚恳庄重地向对方或公众表达歉意，以求得谅解。

某学校教研室有一次承担一个重要的考试任务，大家都很重视。在考试的前一天，要把一切考务工作做好，可是这一天，又恰逢学校的运动会。运动会后，大家都要留下来做考务工作。有一位年轻教师因为疏忽没有留下来而影响了工作。事后，教研会主任找到他，他采取这样的批评方式——自责。他说：“你看，都怪我 ，我多提醒你一下就好了。”这位年轻教师忙说：“不怪你，你都告诉我两遍了。”

于是，在总结会议上，教研会按要求扣了这位年轻教师100 元钱，教研室主任也在大会上并作了检讨：“我工作疏忽，没有及时提醒他，请大家下不为例。”

在这个事例中，这位教研处主任虽然没有错，但也主动道歉，这是一种得当的批评方式。这位年轻的教师自然也会愉快地接受，而实际上，大家根本不可能指责他。

总之，在道歉的语言技巧里，我们需要掌握：要态度真诚、语言温和、先道歉和解释；如果你觉得自己不善言辞，那么，你可以寻找别的方法代替；有时候，即使没错，为了友谊，你也应该道歉。

我们掌握了道歉的语言技巧，但是还应该根据场合、情况的不同，注意一些小事项：

①道歉应该不卑不亢，不必低三下四；

②道歉要注意态度，错在你，别颐指气使；

③把握道歉时机。道歉距事件发生的时间越短越好，时间越长，就越难开口，误解就会越深。

别较真，否则只能两败俱伤

在生活中，每个人都会有对手，一些人在与对手交锋的过程中，为了获得利益始终不肯让步，甚至与对手争论到不可开交的地步，最终他“获胜”了，但从长远的角度来看，他还是失败了，因为那种不懂得双赢原则的人，最终不会得到任何人的信任与好感，将成为社交中的嫌弃儿。所以，胜利与失败并不是社交活动最好的结果，最好的结果是双赢，正如一句广告词一样：“大家好才是真的好！”

所谓双赢，应用到人际交往中，指的就是采取对双方都有利的交际措施，得到他们应该得到和最想得到的东西。举个很简单的例子，大家一起排队坐公交车，如果都争相上车，谁也不让谁，最终结果只能是所有人都堵在车门口；而如果所有人都遵守前后秩序排队上车，这样不仅所有人都能坐上车，还为大家节省了时间。

杰克和路易斯同为学校篮球队的队员，杰克在队中司职后卫，路易斯则是一名小前锋。他们都非常率真，尤其是在向异性表达自己的真心时。不巧的是杰克和路易斯都对同一个女生表达了自己的爱慕，一对好朋友就这样变成了情敌。这种敌对情绪使得二人的关系非常紧张，彼此间变得非常冷漠。但是在赛场上，两个人仍然并肩作战，在一场关键的比赛中，还是路易斯接到杰克的传球将球投进，锁定了本队的胜利。就这样赛后两个人重归于好。

杰克和路易斯虽然因为一个女孩变成了情敌，但是在赛场上两个人面对共同的敌人，就重新成为了朋友，并且借着赛场上的友谊化解了两个人之间的敌意。

人生路上，正因为有了对手，我们的生活才不会像白开水一样平淡乏味，而变得七彩斑斓；正因为有了对手，我们才不会像人工养殖的鲜花一

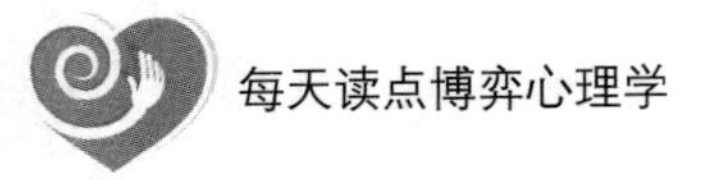

样弱质纤纤，而变得越来越坚强；正因为有了对手，我们才能享受真正的快乐。那么为何还要与对手较真呢?

因此，聪明的人即使与对手较量，也注意运用双赢的思维，双赢其实也是一种催眠方法，我们要引导对方看到对双方都有利的合作方式，这样就能得到一个皆大欢喜的结局。

杨心是一家油漆公司的销售主管，她所在的公司推出的油漆有环保、无异味的特点，很适合现在家居环保的要求。正是这一优点，这家公司的生意一直做得很好。

最近，她联系了一家地产公司的李经理，他们洽谈了许多合作事宜。但是，李经理坚持要降价，这一点让杨心很为难，她需要回去和上级领导商量，于是谈判暂时搁置。不久后，杨心和李经理再次坐在了谈判桌旁。

“李总，你好！关于您提出降价的条件，我已经与公司领导商量过了。我们都觉得，如果您能在贵小区优先替我们旗下的新油漆公司做宣传广告的话，我们公司愿意以最低的价格与您这样的大客户长期合作。”

“不好意思，我们从不会为住户主动推荐哪种油漆。”

“您误会我的意思了，我们并不是希望您推荐，我们只需要一个安全的宣传环境就行。”

“你们要宣传多久？”

“从开盘后的一年内。”

“可以。”

最终，李经理以最低的价格购得产品，而杨心所在公司旗下的的新产品油漆也得到了大力宣传，销量很好。

案例中，作为谈判方的代表，女主管杨心的聪明之处，就是利用了双赢这一原则，让客户和销售员实现了利益互补，交易达成必然水到渠成。

其实，与对手较量，我们都应运用这一心理博弈技巧。人与人之间也总是有利益的不平衡，关键在于我们抱什么样的态度。只要抱着“我

好，你好”的双赢态度，按照这个原则去处理人际关系，将会获得最理想的结果。

为此，我们都应该学会运用双赢思维，具体说来，你应该做到。

1.找出双方利益的平衡点

这个利益点，就是双方交流的中心，也是能成功打动对方的前提。当然，这还需要你做出让步，才能达成共识，若一味地坚持，只会争个面红耳赤。寻找利益的平衡点一定要有长远的眼光。要记住，这次的“妥协”和“退让”只是为赢得信任和下一次的合作彩排而已。

2.学会站在对方的立场说话

一位成功的推销员这样说过：“当我不去追求自己想得到的东西，而是去帮助别人得到他们想得到的东西时，我在经济上就会获得更多的成功，而在生活中也会有更多的乐趣。”的确，无论是从事推销工作还是在社交活动中，这是强化心理感受、获得心理认同感的重要方面。

3.使对方获得心理上的满足

人是利益的动物。人与人之间的交际基本上是一种利益交换的过程，这种交换不仅是物质上的，更是精神上的，比如赞美、声望等，这更能使对方获得心理上的满足。

总之，与对手较量的过程中，我们要懂得互惠互利，争取双赢，并学会引导对方的想法，以利益为核心，经过层层推进，让对方接受利益的均衡原则。

装装糊涂，别针锋相对

现代社会，无论是在商业还是政治或者是其他活动中，似乎都存在一些竞争对手。面对竞争对手，人们可能会不自觉地卖弄自己的才华，或者与对手针锋相对，而实际上，如果你确实比对手优越，能在竞争中胜出倒也无妨，但如果对方胜出，那么无异于打了自己的嘴巴。而一个真正有实力和梦想的人不会把自己的那点小才能挂在嘴上，宣扬自己的本事，即使当别人试探他时，也会巧用转移话题的办法避开对方的注意力，从而隐藏自己的真实想法，为自己赢得更多的时间和空间来达到自己的目标。这是一种大智若愚的处世智慧，更是一种心理博弈策略。因此，在我们与对手较量的过程中，如果我们的力量不足或者遭到对手“逼供”时，不妨采取这一策略，避开对方的锋芒。

在我们熟知的勾践灭吴的故事中，勾践之所以能卧薪尝胆，最终一举灭吴，就是因为他懂得示弱，让吴王放松了警惕。

越王勾践退守会稽山后，就向全军发布号令说：“凡是我的父辈兄弟及和国君同姓的人，哪个能够协助我击退吴国的，我就同他共同管理越国的政事。”大夫文种向越王进谏说：“我听说过，商人在夏天就预先积蓄皮货，冬天就预先积蓄夏布，行旱路就预先准备好船只，行水路就预先准备好车辆，以备需要时用。一个国家即使没有外患，然而有谋略的大臣及勇敢的将士不能不事先培养和选择。就如蓑衣斗笠这种雨具，到下雨时，是一定要用上它的。现在您大王退守到会稽山之后，才来寻求有谋略的大臣，未免太晚了吧？”勾践回答说：“现在能听到大夫您的这番话，怎么能算晚呢？”说罢，就握着大夫文种的手，同他一起商量向吴国求和的事。

越王就派文种到吴国去求和。文种对吴王说：“我们越国派不出有本领的人，就派了我这样无能的臣子，我不敢直接对您大王说，我私自同您手下的臣子说，我们越国的军队，不值得屈辱大王再来讨伐了，越王愿意把金玉及子女奉献给大王，以酬谢大王的辱临。并请允许把越王的女儿作大王的婢妾，大夫的女儿作吴国大夫的婢妾，士的女儿作吴国士的婢

妾，越国的珍宝也全部带来。越王将率领全国的人，编入大王的军队，一切听从大王的指挥。如果您认为越王的过错还不能宽容，那么我们将烧毁宗庙，把妻子儿女捆绑起来，连同金玉一起投到江里，然后再带领现在仅有的五千人同吴国决一死战，那时一人就必定能抵两人用，这就等于是拿一万人的军队来对付您大王了，结果不免会使越国百姓和财物都遭到损失，岂不影响大王加爱于越国的仁慈恻隐之心了吗？是情愿杀了越国所有的人，还是不花力气得到越国，请大王衡量一下，哪种有利呢？”

纵然吴国大夫伍子胥反对，但吴王夫差还是接受了文种的意见，同越国订立和约。

勾践正是因为接受了文种的意见，向吴国求和，才打消了后来吴王对自己“卧薪尝胆”的嫌疑，并放松了对他的警惕，为自己招兵买马、复兴越国赢得了充分的时间。

在日常交往中，与对手过招，我们已经习惯于向对方展示我们的强项、长处和优越，总是努力去做个强者，树立自己的强势地位，以压倒对方。但事实上，这样做只会让对方产生“逆反心理”——我要证明，我比你优秀！在这种心理的支配下，他们往往会更加勤勉，那么，我们最终要战胜对手的难度就无形中加大了，而如果我们不逞一时之强，先向对手示弱，便能使之对你放松警惕，便能为你赢得更多的机会争取胜利。

装糊涂其实不仅是一种大智若愚的智慧，更是一种高超的博弈技巧。的确，直言直语、做事不经过思考是一个人致命的弱点，也会让你在对手面前暴露无遗，当对方了解你的真实想法以后，便会对你大加防备甚至刻意与你为敌，可能你在吐露心声的时候，的确没有任何顾虑，只看到现象或表面，可是，当你想到你的这句不经意的话会给自己带来困扰时，你还会无所顾及的说话吗？“枪打出头鸟”，太过嚣张会成为众矢之的，因为通常情况下，人们都会对那些对自己构成威胁的人采取措施。而隐藏自己、避其锋芒，才会保存自己。

其实，与人交往亦是如此，不少人争强好胜，锋芒毕露，给人造成了咄咄逼人的感觉，其结果往往适得其反。不如用点心机，适当“示弱”，并不是表示你无能，有时反而起到化解矛盾、以柔克刚的作用，取得意想不到的妙效。承认“无知”，多学多问，是铺设走向成功之路的必备素质。学会了妥协，就能学会以屈求伸，以退为进，以静制动，以柔克刚，你才可能成为最后的胜利者。

总之，人都有一种好胜的心理，尤其在于对手较量的过程中，这就需要我们在为人处世时别争强好胜，能够主动示弱、装装糊涂是一种智慧，也是人际交往中掌握主动权的“灵丹妙药”，更是谦逊为人、低调处世的制胜法宝。

第10章

谨慎低调，让你职场一路畅通的心理博弈

身处职场，每个人都希望自己能大展拳脚，有所成就，都希望升职加薪，都希望与同事、领导和睦相处，都希望在和谐的环境中工作。然而，办公室始终是处处充满博弈的战场，职场博弈是实力的角逐，但更是心理的较量，我们只有深谙一些职场心理博弈策略，才能走出一条顺畅的职场路。

初入职场，切忌锋芒毕露

你是否发现这样一些现象，那些工作出色、处处拿第一的人，似乎并没有什么朋友，而那些能力一般的人似乎周围总是不缺朋友。这是为什么呢？因为每个人都不希望自己的朋友强于自己，让自己成为配角，而对于那些抢尽风头的人，大家一般会采取措施来排挤他。职场竞争亦是如此，在没有硝烟的职场博弈中，最终胜利的往往是那些低调的人，而那些爱显摆、做人高调者往往是别人排挤的对象。

因此，每个职场新人，都要记住这一处世原则，不要让自己成为众矢之的。古人云：“鹤立鸡群，可谓超然无侣也矣，然进而观于大海之鹏，则渺然自小，进而求之九霄之凤，则巍乎莫及。”身处职场，每个人都要懂得“山外有山，人外有人”，你的那点小本事在那些真正的高手面前只不过是小把戏，班门弄斧只会让人笑话。因此，切不可太过嚣张、太有气焰。

约翰是个很勤奋的小伙子，在获得企业管理的硕士学位后，他就在一家国际性的化学公司工作。因为学历相当，刚进公司，他就被安排在管理层的职位上，这令很多人不满意，尤其是那些和他年纪相当的小伙子，因为他们还在基层摸爬滚打，为了服众，约翰请求也从基层做起，这令上司很欣赏。

但约翰并不聪明，甚至是笨拙的，在很多业务问题上，他总是做得很慢。约翰的迟钝是明显的，为此，他的上司也开始为他着急：“抓紧点，

约翰，动作快一些！”

然而，约翰的速度似乎还是那么慢条斯理，永远都不着急。看到约翰蜗牛般的速度，人们开始不满，并用各种语言嘲笑他：“如果约翰去当邮递员的话，那么，我们永远别指望收到东西了。”

即使别人这样说，约翰也没有生气，而是还按照自己的进度工作、学习。

就这样，约翰来公司已经半年了。此时，公司决定举行一场专业知识和业务能力考试，第一名将会被选拔为公司储备干部。

令大家奇怪的是，平时少言寡语、工作速度缓慢的约翰却一举夺得了第一名，此时，他们才明白，做得多才是成功的硬道理。

故事中的约翰是个争气的职场新人，他做事慢条斯理、不缓不慢，看似愚笨，甚至被对手嘲笑，但他并不生气，也不与之辩驳，而是拿行动来证明自己才是最优秀的，这是一种值得每个职场人学习的精神。

忍耐对于每个新人来说都是至关重要的，即使这是一个痛苦的过程，但只要经过这个阶段，就能“守得云开见月明”，就会熟练地掌握当前从事工种的操作技能，提升为人处世的能力，以及挑战挫折、失败的意志，这也是最重要的。

因此，作为一名职场新人，你一定要记住：

1.安全最重要

人们总认为，人生竞技场好似一个走秀场，谁走得漂亮，谁就赢了。实际上，并不是如此，它是一个斗兽场，真正生存下来的才是最终的赢家。正因为如此，你就不能如在走秀场里一样尽情展现自我，而是应该懂得隐忍，凡事安全第一，别总是第一个冲出去。有时候，不表现比表现更好，不动比动更佳。

正所谓静若处子，动若脱兔，无利蛰伏，有利起早，这才是上上之策。

2.不要轻易暴露自己的缺陷，也不要轻易显摆自己的聪明

你在做事时第一任务是藏好自己的缺陷，不让缺点暴露，即使事情做不好，也不会坏在自己的手中。

同时，让所有人都见识自己的聪明，并没有太大的好处。从老板的角度看，聪明不代表有能力。对上司而言，聪明代表着难管。而对同事而言，聪明代表着压力。

人才的成长都需要一个过程，新人也需要一个不断学习的机会。因此，从新人自身角度考虑，初入职场的你，一定要明白自己所处的位置，凡事低调，切不可锋芒太露。诚然，职场竞争十分激烈。然而，在渴望“出人头地”的同时，一定要记住一点，职场里最忌的就是嚣张，“枪打出头鸟”更是中国社会竞争中的一个法则，本来这只“出头鸟”勇于表现，在能力上并不低于他人，但很多时候，他们却成为“出风头”的牺牲品，这就是因为他们不懂得把握火候。

可能，有些喜欢意气用事的人会说，不表现自己，怎么会受到上司的赏识呢？所以不能错过机遇。但你考虑没有，你能保证自己能万无一失地解决问题吗？另外，你的锋芒毕露也会让你树敌无数，使身边危机四伏，让你失去本应属于你的机遇。“枪打出头鸟”说的就是这个道理。

当然，这并不是要身处职场的你做事畏首畏尾，不敢放手施展抱负。只是凡事都该有个“度”，低调做人，高调做事，张扬与内敛之间，就看你如何把握！

总之，在复杂的社会生活中，职场竞争日益激烈，作为职场新人，我们除了要懂得洞察他人的内心，更要懂得把握好藏与露的尺度，只有藏好自己，才不会轻易被人看穿，这样，即使对方想对我们“下手”，也会有所顾忌。

与领导博弈：如何服从领导

每个在职场中的人，都不可避免会有一个甚至几个上司，我们都希望能得到领导的喜欢，因为领导是我们职场之路走得是否顺畅的关键点之一。而如何让领导喜欢，这又成为很多职场人苦恼的问题之一，有些人简单地认为，努力工作、埋头苦干，自然会得到领导的喜欢。诚然，我们不能忽视“努力工作”才是硬道理这一点，但违背领导意图、不服从领导，即使你工作能力再强，可能也会在职场劳而无功。可以说，职场博弈中，服从是让领导喜欢你的关键因素。

徐翔是某事业单位的员工，已经有五年的工作经验了。五年来，他一直与单位的同事相处融洽，与领导也相安无事。可是，这天，他却失控了，居然与领导拍桌对骂。同事、领导都深感意外。

这天，他还是和往常一样按时上班。来到单位后，他接到主任电话，安排他随兄弟部门的车下乡去一趟。于是，他就在单位门口等车。可是，一个多小时过去了，却没见到车的影子。于是，他就给主任打电话。谁知道，人家根本就没考虑要带上他，车早已走了。他立即打电话给主任说明情况。令他气愤的是，主任却认为是他没有在传达室里坐等的缘故。他感到在电话里没法说清楚，就搁下电话，向楼上走去，欲当面向他解释清楚。

推开主任办公室的门，主任连头都不抬一下，这更让他气愤了。可他还是耐着性子把事情的原委说清楚了。

但主任却说：“今天，你必须得去。要不然就自己坐公共汽车去。”说完，又忙自己的了。徐翔的怒火“腾”地一下蹿得更高了。这明摆着就是在惩罚自己，而自己错在哪儿了？“我不去。”他冷冷地说。“嘭”，主任猛地一拳捶在桌上，咬牙切齿地说：“今天你去得去，不去也得去。”徐翔气急了，也砸了一下桌子。

这一瞬间，主任吃惊地望着眼前这个不到30岁的小伙子。这时，主任办公室外也已经挤满了来看热闹的人。

果然，和徐翔预料的一样，接下来的日子他很难熬，主任把办公室能处理的事情都交给别人做。经过几天的反复思考，理智逐渐占了上风，他清楚地认识到，解铃还须系铃人，于是，他准备主动向主任道歉。出乎意料的是，还未等徐翔开口，主任就主动提起了这事：“小徐啊，那天是我的不对，不过那天我真的太忙了，心情有点不好，而且你居然直接和我对着干，屋外那么多人看着，我也太没面子了。这两天自然得给你点惩罚，你别往心里去啊！”听到主任这么说，他欣喜若狂，回家的脚步异常轻快，几天来一直郁积在心头的阴霾一扫而空。

经过这件事，他明白一个道理，无论何时都要服从领导。

从徐翔的职场经历中，我们得到一个启示，那就是领导也会有着和我们一样的喜怒哀乐和各种苦恼，他们也有情绪，无论如何，我们都要服从领导，更不应该当面顶撞领导，正如这位领导说的：“我也太没面子了。”

那么，我们该如何做到服从领导呢？

1.不要在众人面前指出领导的失误

如果你的领导错了，千万不要在众人面前指出。领导也是人也会爱面子。但他毕竟是领导，即使错了，也希望得到尊重，作为下属的我们一定要为领导留些情面，更不能对同事谈论领导的错误，用嘲弄的口吻让流言四散传播。如果一定要让领导知道他的错误，你应该在适当的场合、适当的时间私下找领导聊，谈谈自己的意见和看法。

2. 准确领会领导的意图

作为下属，在与上级领导相处的过程中，要学会灵活应变，精益求精，处理问题不能出丝毫差错。做到这点，需要我们做到：

①对上级领导的意图要仔细品味。上级向我们做出明确的指示时，我们执行起来自然会非常容易；但如果出于某种原因，上级在表达某种意图时十分隐晦，我们就要开动脑筋考虑其是不是有某种暗示。

为了不与领导的意图南辕北辙，在执行领导的任务前，我们最好简要地复述自己对任务的理解，得到上级领导认可后再行动；当上级领导交代的任务超越客观实际，难以完成时，要提出自己的意见供上级领导参考。

②对上级领导的思想要经常琢磨。对上级领导思想的理解把握，除了从上级决议、领导讲话、重要工作部署中去领会外，还要把功夫下在日常工作中。遇到重大任务或重要情况，应主动请示。

③对上级领导的意图要认真领会。作为下级，切忌用怀疑的眼光打量上级领导意图，这是工作纪律。

真正做到准确地领会上级领导的意图并坚决地执行好，想领导之所想，那么，我们便能轻松自如地争取到领导的认同了。

想要高薪与升职，就要懂得表露成绩

在博弈论中，我们常常听到这样一句话：“会哭的孩子有奶吃。”这句话是告诉我们要懂得营销自己，同样，身处职场也是如此，因为，无论是升职还是加薪，归根结底，都与领导对我们的印象有莫大的关系。因此，除了努力提升自己的能力和素质之外，我们还要获得领导对我们工作的认可。聪明的职场人通常有一个本领，那就是，他们会巧妙地表露成绩，在不显山露水间就让领导对自己赞赏有加。

安娜是某知名公关公司市场部的职员，她是典型的“慢热型”的人，她在这家公司已经做了整整三年，生意成交通常是靠经年累月与顾客建立的良好关系。几个月谈一个单，但业绩也还算不错。她每个月拿着不高不低的薪水，人际关系不好也不坏，只是每年考核结果每况愈下，第一年得了个“良”，接下来每年考核都是不好不坏的“中”。也许是不在总部工作的原因吧，平时和上司、同事都是电话或MSN联络。

一次，她去公司总部办事，在电梯里偶遇公司经理，经理居然叫不上她的名字。其实，安娜虽然说不经常与经理接触。但三年来，一起参加过的大大小小的会议也不少，并且有几次还一起出差。安娜反思了半天，觉得问题还是出在自己身上。

后来，总公司的一位同事告诉她，他们有可能要开始放两周的无薪假了。这位同事还提醒她，别只会埋头干活，也要学会适当“邀功”，提高自己的能见度。

于是，她尝试着做一些改变，比如每周开例会时，也主动发言，以前她在人多场合说话都容易脸红，后来次数多了这毛病也扳过来了。

一次，经理要来旁听分公司的策划会，安娜便提前做了精心准备，结果她的提案顺利通过。这次，终于让老板记住了自己。安娜还决定，光让经理记住自己还不行，还必须要让经理认可自己的工作。

以往，她经常工作到半夜，也不会让上司知道。但现在，她会在半夜给经理发工作邮件。

可能很多人会很困惑，工作业绩不就说明了一切，难道还需要“自吹自擂”吗？其实，自我表扬并不是一种自吹自擂，更不是办公室政治游戏，而是一种提高能见度的方式。因为，事实上老板最容易患“近视”让上司了解你的努力才是最重要的。案例中的安娜自我表扬的方式就是在半夜给上司发邮件，让领导知道自己工作的努力，既然你真的为工作忙乎到深更半夜，告诉老板又有什么不妥呢？

的确，身处职场，与上级博弈是一门艺术，我们要想得到肯定和认可，想要得到升迁、加薪的机会，就必须学会表现自己，只会努力工作不

够，还要让领导看到你的努力过程。

那么，我们该怎样表露成绩呢?

1.提前大胆提出你的建议

大多数上司虽然谈不上日理万机，但也非常忙碌，有时还有许多烦恼缠绕着他。当他心情好的时候，有些建议尽管不太中听，他还是能接受的；如果他工作没做好或者家中有什么不快的事，他正憋着一肚子火无处发泄，你这时提建议，特别是刺耳的良言，那就正好撞在枪口上了。即使你的建议好得让他不能不采纳，但他也不会记着你的功，反而会因为你当时戳着他的痛处而记恨你，甚至找机会给你点颜色看。

2.学会争功

在功劳面前，不要逆来顺受，也不要过分谦让，应大胆地向领导要求自己应该得到的。

向领导要求利益大有学问，关键要把握好火候和技巧。

第一，执行重大任务以前，争取领导的承诺。“丑话说在前头”，在接受任务时谈好报酬更易让领导接受。

第二，要求利益要把握好“度”，见机行事。既不争小利，不计较小得失，又不得过分争利。当然，折扣的方法有时也很奏效。

每当做完自认为圆满的工作，要记得向上司、同事报告，别怕人看见你的光亮；当有人来抢夺属于你的功劳时，也要坚决捍卫。

3. 找准时机，学会自我表扬

身处职场，我们与领导会抬头不见低头见，例如电梯里的照面、茶水间的闲聊或餐厅排队时间。一些下属认为与领导碰面是一件尴尬的事，所以，多半他们都会装作鸵鸟假装没看见领导，或是紧张兮兮地说些言不及义的话。而事实上，这正是我们向领导介绍自己业绩的好机会。因为，没有其他人士在场，领导对你的关注度会增加很多。

比如，我们可以随口说起：“张总，上周末我参加一个朋友的婚礼，遇到一位老总，跟他介绍了我们的业务，对方很有兴趣，并表示愿意给我时间拜访，这周二我打算去登门拜访，详谈合作。”这样，你的领导就会觉得：即使在他看不到的地方，你也在利用一切机会为公司争取资源，怎能不对你心生好感？

4.借他人之口表露自己的成绩

这也就是人们说的借助他人之口表扬自己。如果你觉得实在做不到开口“表扬”自己，尤其是向自己的上司表扬自己，那么，你还可以尝试这样一招：找一个赏识你的人做个人形象代言。借他之口，来为你间接公关。例如，在某些会议上，当领导要求发言时，他可以为你打头阵：“这个案子从刚开始就是科长跟进的，他贡献不小，我们不妨听听他的看法。”或在私下场合不时地提及你的“成绩”，这样的侧面表扬显得更加客观有力。

总之，我们应该学会巧妙地将自己的成绩传达给领导。毕竟，光会做事不够，还要会说，表达出来，才能得到认可，一味工作，并不能让上司看到，即使你累得半死，也与升职、加薪无缘。

与下属博弈：树立权威，令他人服从于自己

在人际交往中，我们当然免不了与他人沟通，可能你会认为，多沟通、保持亲密的距离，自然会拉近双方的心理距离，这必然有利于感情的交流。但身处职场，事实却并非如此。

举个很简单的例子，如果你原本是个很让下属敬重的领导，因为和下属打得太火热，而使得自己的一些缺点暴露无遗，结果失去了一个领导者应有的权威，却让下属在无形中改变了对你的印象，甚至让下属觉得领导

令人失望、讨厌。另外，和下属走得太近，将工作和生活混为一谈，也容易丧失原则，在工作中出现失误。

因此，企业管理心理学专家认为：企业领导要搞好工作，应该与下属保持亲密关系，但这是“亲密有间”的关系。雾里看花，水中望月，往往给人“距离美”的感觉。实际上，人与人之间交往也是如此，尤其是那些希望树立威信的人，更应该与他人保持一定的距离。

在戴高乐担任总统的十余年内，他做出了这样的规定，在他身边工作的所有人员，包括秘书、参谋、顾问等，他们的工作年限最长都不能超过两年。

曾经，对于新上任不久的办公厅主任，他毫不客气地对他说：“我只会聘用你两年，在我这里，参谋部的人不能以自己的工作为职业，同样，你也不能把你现在的身份——也就是办公厅主任当成一种职业。”

为什么戴高乐会有这样的决定呢？原因有二：第一，他认为，对于工作而言，调动才是正常的，不调动是不正常的，只有经常调动工作，才会学到不同的知识，才会进步；第二，他不想看到这样一个局面，那就是那些工作在他身边的人会变成离不开他的人。

我们发现，戴高乐是个很会靠自己的思维和决断而生存的领袖，他之所以做出这样的决定，就是因为他能看到和下属保持距离的好处，若领导决策过分依赖秘书或某几个人，容易使智囊人员干政，进而使这些人假借领导名义，谋一己之私利，最后拉领导干部下水，其后果是很危险的。可见，戴高乐的做法是令人深思和敬佩的。

生活中，我们发现有这样一些人，他们是天生的领导者，无论置身于何处，他们都具备强有力的领导风范，一言一行都能让他人感到信服。其实，在人际交往中，每个人若希望自己的言行有分量，就要学会修炼自己的领导气质。

每位领导都应该有属于自己的威慑力，这样才能使下属对你服从。这种霸气体现在领导的语言风格上应该是典雅庄重的。为此你需要做到。

1.语言干脆，当机立断

作为领导，对于自己权限范围内可以决定的事，要当机立断，果断“拍板”。比如车间工人上班经常迟到早退，不听调配。对于这种违反纪律的行为就应果断决定“停止工作，等岗留用”。如果下属向你请示某动员会议的布置及议程，你认为没有问题，就可以用鼓励的委婉语调表达：“知道了，你看着办就行了。”这种表述既给了下属支持与鼓励，也给了下属行动的权力。

2.多用事实说话，制造“权威”

“百闻不如一见”，事实胜于雄辩。从心理学的角度来分析，人们的心理趋向是求真、求实，只有真的东西，才是人们最可信的。如果我们不是“权威”，就要善于制造“权威”。要想使别人心服口服地接受你的观点、意见，就要让事实说话，事实充分交流法使你言重如山。要善于运用事实充分交流法，这种方法根本的一点就是唯实、唯事，尊重客观事实，用事实说话。运用事实交流法进行说服最能打动人心，也最能使人信服。

3.注意表达

当然，树立权威并不是要我们矫揉造作、刻意与他人拉开距离。相反，我们更应该关心他人，并尽量细化到日常工作和生活中，这样，在无形中，对方必能感受到你的领导风范，进而信服于你。

总之，在职场博弈中，不仅包括下属与上司的较量，更有领导者的智慧。身为领导，若希望下属信服，就要在说话、做事时体现领导风范，真正做到有高度、有深度。

跳槽一定要谨慎

在当今社会中，跳槽已经成为职场上一种常见的现象。注意一下你的周围，是不是经常有跳走的同事，或者刚进入格子间的新人？无数过来人都会对我们千叮咛万嘱咐，不要盲目地跳槽，也不要频繁地跳槽，如此种种，都会使用人单位对你的信誉大打折扣，搞不好还会使你的职场之路变得坎坷。关于这一道理，恐怕每个职场人士都知道。但即使如此，工作中难免会出现一些不得不让我们跳槽的情况，跳槽没有错，但我们要学会运用博弈智慧来为自己寻找跳槽的时机，切不可心血来潮。

小张已经是两年来第五次跳槽了。在这两年的时间里，她先后从事了性质不同的四份工作：民办学校的教师、教育机构的咨询员、办公器材的销售员、保险的推销员。这四份工作只有做教师与她的专业对口，其他都是在招聘单位急需用人，而她也急需工作的时候达成的，那时单位不考虑她的专业，她也不考虑工作的性质，她只看薪水和招聘单位的承诺，只要薪水满意或者未来的薪水可以达到她的满意，她就做。

就这样，她就像走马灯似的换了四家单位，换了四种工作。

这一次，小张拿着她的中文简历找到一个猎头，希望猎头能为她翻译成英文的简历。她说她看好了一家各方面都不错的外资企业，薪水尤其诱人，所以想制作一份英文简历试试运气。

这位猎头一看这份简历，发现小张还是她大学毕业时用的简历，只是在工作经历一览多了几行字，也只有从工作经历里才能看出这不是一个应届毕业生。猎头摇了摇头。看到猎头的反应，小张其实也明白自己的工作经历没有什么说服力，在叙述工作经历的时候一笔带过，而且把自己的四次跳槽进行了排列组合，将四次改成了两次。

这里，单从小张工作的种类上来看，她所从事的职业无疑是丰富的。

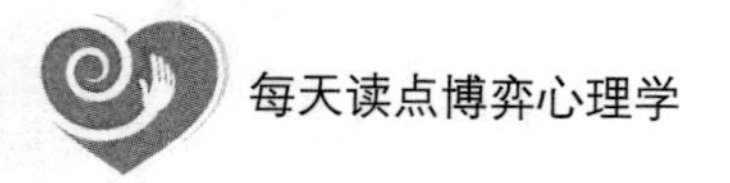

但是这种经历在质量上很难让人信服，实在是缺乏说服力。为什么会这样呢？因为她没有明确自己的职业目标，不知道自己要做什么、能做什么、最终导致职业失去了方向。

小张的跳槽经历说明，跳槽不能打无准备之仗——不明确目标，无准备的后果只能将自己置于不利境地。为了使跳槽变被动为主动，身处职场，你必须在做好了准备之后才决定。为使自己的跳槽更加有效率，成功率更高，你必须要明白，寻觅一份理想的工作并非易事。但是，先就业后择业的观念在年轻人中较为突出，他们求职择业，不再像过去一样追求一步到位，而是寄希望于积累工作经验以后，等自我价值得到较大的提升后，再找一份理想的工作。跳槽并没有错，但跳槽必须要准备充分，这样就容易成功，准备不够就是撞大运，万一没有撞好，不仅浪费时间，还会耽误职业发展进度。此外，跳槽、转行还需要选择适当的时间，同样是你，同样的准备，跳槽时间不同，收获也将有很大的差别。

可见，无论如何取舍，不会有人为你的失误埋单，是否跳槽，来自于你自己的选择，它存在风险，因此，在工作不顺的情况下，即使跳槽，也要考虑清楚，不可盲目跳槽。

那么，我们到底该如何跳槽呢？

1.培养内线，找到空缺职位

就公司雇用程序看，除非是流失率非常高的公司、领域，一般大规模招聘机会很少。一般公司出现岗位短缺，内部人员是最早得知信息的。而这时，招聘也主要依靠内部员工介绍，所以，如果你有了目标公司，不如看看有没有人可以推荐自己，那样跳槽的成功率要高很多，因为那时竞争明显少很多。

2.先了解新公司

对新公司的了解非常重要，求职前，要先了解一下公司的情况：总公司所在地、规模、架构、背景、经营模式、目前的发展状况和未来的发展

规划等概况，最好事先对此有概略性的了解，如无法得到书面资料，也要设法从该公司或其同行中获得情报。

另外，还应了解应聘企业的文化，从而判断出企业的环境是否公平，如果入职该企业，上升通道中是否有被限制因素，避免因为急于找到工作而上当受骗。进入公司后也不要盲目欢喜，要谨慎地观察、思考，有没有投错公司。

3.拿到自己的报酬后再跳

聪明的职场女人不会意气用事，她们不会笨到在本月工资未拿到之前就卷铺盖走人。而如果你的薪水是绩效形式的，与工作业绩有关，你更应该慎重，毕竟你辛苦了这么长时间，而且如果你打算继续从事老本行，那么你的业绩直接关系你在市场、行业内的身价。

4.“骑驴找马”或“骑马找马”

可能你最担心的是跳槽的风险问题，其实最保险的方法是不要急着辞职，先干好本职工作，同时瞅着机会，一旦有了跳的可能，就迅速抓住机遇。现在很多职场人士都明白这个道理，没有和新东家谈好之前，不露任何的蛛丝马迹。

总之，跳槽、转行的时间选择有很多学问，任何一个职场人士，都要仔细研究自己所在行业、职位的跳槽、转行时间，选择适合的时间，这样才能抓住机遇，为提升自己创造良好的契机，达到跳槽、转行的预期效果。

做与不做的抉择：别什么事都太积极

翻开历史篇章，我们不难发现有这样一个现象：在不少帝王将相攻城略地的过程中，他们都有个帮助自己成就大业的左膀右臂，而当功成名就之时，他们的想法就会有所改变，会感受到下属的无形威胁，害怕自己大权旁落。于是，为了稳固自己的地位，他们会想方设法除去身边的这颗“眼中钉”，而曾经为他人打江山的这位“老臣子”，最终也会招来杀身之祸，成为政治斗争的牺牲品。相反，我们也会看到这样一些深谙政治游戏的人，身处官场，他们看似愚钝，不谙说话之道，但却能处处得意，人际关系如鱼得水。他们更知道进退，懂得什么时候表现自己，什么时候身居幕后，这种看似愚钝的作风，其实才是博弈中的大智慧。

春秋后期，越国的名臣范蠡精通韬略，足智多谋，拜为大夫。公元前494年，吴王夫差大破越军，勾践俯首称臣。作为越国大夫的范蠡在吴国做了两年的人质，三年后回到越国，他与文种拟定兴越灭吴九术，策划和组织了越国“十年生聚，十年教训”的复国大计。为了实施灭吴战略，也就是九术之一的“美人计”，范蠡跋山涉水，终于在苎萝山浣纱河访到德、才、貌兼备的巾帼奇女——西施，后谱写了西施深明大义献身吴王，里应外合兴越灭吴的传奇篇章。

范蠡追随越王勾践二十多年，苦身戮力于灭吴，成就越王霸业，被尊为上将军。他辅佐勾践卧薪尝胆，图强雪耻。然而范蠡深知勾践为人，只可同患难，不可共安乐，于是在举国欢庆之时，范蠡激流勇退，携妻带子秘密离开了越国。

后来，他辗转来到齐国，改了姓名，带领儿子和门徒在海边结庐而居。垦荒耕作，兼营副业并经商，没过几年，就积累了数千万家产。他仗义疏财，施善乡梓，范蠡的贤明能干被齐人赏识，齐王把他请进国都临淄，拜为主持政务的相国。他喟然感叹：“居官致于卿相，治家能致千金，对于一个白手起家的布衣来讲，已经到了极点。久受尊名，恐怕不是吉祥的征兆。”于是，三年后，他再次激流勇退，向齐王归还了相印，散尽家财给知交和老乡。

就这样，一身布衣的范蠡第三次迁徙到了陶，在这个居于“天下之

中”的最佳经商之地，他重新经商，没过几年，成了巨富，于是自称“陶朱公”。

低调行事，并不是人们所说的“夹着尾巴做人”，更不是自命不凡的清高，而是光明磊落的稳重，胸无城府的坦然，在低调与忍耐中，踏踏实实做人。低调行事，不是马马虎虎，胡乱敷衍，而是运用自己的广才博学，默默无闻，辛勤耕耘，认真做好自己分内的事情，用辛勤换来利益，在低调中得到成果。懂得低调行事的人，他们总是能坚守自己的原则，以平和心态对待人与事，自然就会得到人们的厚爱，他们不张扬，不骄傲，只等朝日，脱颖而出，然后一鸣惊人。

当今社会，身处职场，作为下属的我们，在与领导相处的过程中，切忌功高震主，假痴者可以迷惑对方，掩盖自己的真实才能，做个会装傻的明白人，才是上乘的交际之策。

当然，可能很多办公室新人在工作之初都会受到前辈和家人这样的忠告：新人就应该努力工作，为领导分忧，以感谢领导的知遇之恩……这番话对于初出茅庐的你来说，确实有醍醐灌顶之功效，从此你自愿承担了办公室的很多分外之事，你忙起来的时候简直像一个上了发条的闹钟。你的努力确实得到了回报，你的业绩在公司的排名最终遥遥领先于其他同事乃至你的领导，而此时，你也就成为领导忌惮的对象了，他担心有一天你会代替他的职位，于是，他处处给你难堪，不给你进步的空间，也许你还蒙在鼓里、不明就里呢?

战国末期秦国大将王翦奉命出征。出发前他向秦王请求赐给良田房屋。秦王说：“将军放心出征，何必担心呢?”

王翦说：“做大王的将军，有功最终也得不到封侯，所以趁大王赏赐我临时酒饭之际，我也斗胆请求赐给我田园，作为子孙后代的家业。”

秦王大笑，答应了王翦的要求。

王翦到了潼关，又派使者回朝请求良田。秦王爽快地应允，手下心腹劝告王翦。王翦支开左右，坦诚相告："我并非贪婪之人，因秦王多疑，现在他把全国的部队交给我一人指挥，心中必有不安。所以我多求赏赐田产，名为子孙计，实为安秦王之心。这样他就不会疑我造反了。"

王翦就是个聪明的人，他在获得兵权的同时，为了打消秦王的疑虑，主动采取了一个小举措，那就是主动请求良田。于是，才避免了因功高盖主带来的祸患。

的确，每个下属都希望在上级面前表现出自己最优秀的一面，但不是所有的表现都会让上级满意。上级也是人，也会有人性的弱点，永远表现得比上级愚钝、不成为他的威胁才是最好的表现。

总之，职场的人际关系是微妙的，因此，即使你要表现，也要学会审时度势，要绕开某些欲速则不达的表现陷阱。

第11章

无往不利，谈判中获得最大利益的心理博弈

现代社会，随着社会法制的建立与健全，谈判作为一种沟通思想、缓解矛盾、维持和创造社会平衡的手段，其存在越来越普遍，作用越来越大。无论是国家大事、外交事务，还是一般的商务活动，都免不了要谈判。然而，要想谈判成功，就需要你随时保持警惕，掌握对手的心理，根据对手的用意随时制定出一套博弈策略。当然，任何博弈策略都需要你在不显山露水间完成，让对方心甘情愿地接受你的谈判条件。

谈判其实就是一场心理博弈

生活中，无处不存在谈判。但成功谈判并不是一件易事，首先就要求我们在谈判中做到冷静处理、言谈谨慎，因为说错一句话，都可能带来巨大的损失。而谈判中各种问题的较量，我们都可以将其划归到博弈的行列。因此，谈判的技巧也可以说是博弈的技巧，现代社会它的重要性日益凸显。

事实上，为什么一些人在谈判中总是处于劣势、处处显得被动，其节奏也往往被对手所控制，最后频频让步以至于还要去争取突破底线的条件导致谈判破裂、达不成交易？这是因为他们不懂得将心理博弈智慧运用到谈判中。

我们都知道，博弈不是一个人在决定，对手的选择与你的抉择相互起作用。你的选择会影响别人决策的结果，反过来对方的决策结果又会直接影响着你的决策结果，有些事情错过了可以重来，但有的选择则不是，谈判就是这样。你作了决定，就会影响对方的态度，而一旦谈崩了，则可能造成永久性的损失。这也就是为什么人们认为谈判是一项需要高智慧的博弈活动。

不得不说，双赢始终是聪明的谈判者所追求的目标。在博弈论中，有一个博弈模型是纳什均衡，纳什均衡告诉我们，当博弈者双方的利益发生冲突时，我们要想方设法进行协调。如果在自己的最大利益得不到满足的

情况下，那么你可以稍微妥协、退而求其次，这种情况总比什么都得不到要强得多。

我们来看看下面的谈判案例：

某客户准备为自己的饭店购进一些桌椅，于是，他和家具公司的代表谈判。

客户："我觉得那套棕色木质家具看起来比较大方，而且我一直比较喜欢木质的东西……"

销售方："请问您的饭店大厅有多少平米？"

客户："我的饭店有100平米，买二十套这样的桌椅应该能放得下。"

销售方："您看一下这套家具的宽度，放在100平米的饭店大厅里会不会让剩余的空间太狭窄了，主要是因为这个展厅比较大，很多人一进来就相中了这套家具，实际上那套小巧玲珑的家具更适合现代餐厅布局的特点，而且价格也比刚才那套实惠很多。"

客户："你说的对，我还是买这套小一点的吧。"

作为销售员，并没有为利欲熏心，而是从客户的实际情况出发，及时提醒了客户：购买贵一点的那套木质家具是不适合的。这位销售员这样说，会让客户从心理感激他，并觉得他是一个具备难得品质的人，自然会毫不犹豫地成交。有人说，伟大的销售员总是会在第一时间考虑客户的要求，一旦你掌握了这种方法，你的工作就能够更顺利地进行，并且你做成的不只是一笔生意，还赢得了一名忠实的客户。忠实客户给你带来的利益是不可估量的。

谈判远比一般意义上的沟通更有挑战性，更充满了变数。我们当然希望谈判能顺顺利利地进行，但实际上，因为一些实际因素的存在，谈判双方总会出现一些争端。对此，我们要做的就是解决问题，这是双方都希望看到的结果。

从这里，你可以发现，谈判固然在"谈"，但真正决定谈判胜利与否的还在于主导权，而先听后说在这个过程中发挥着极为重要的作用。具体来说，谈判者应该遵循以下几个步骤。

1.保持冷静

之所以要强调这点，就是不能暴露自己的心态，防止被对方控制节奏。谈判的节奏是非常重要的，这跟体育比赛时运动员们经常强调的节奏是一样的，如果你的节奏被对方所掌握，就容易被对方控制进程。所以，不要表现出急于达成交易，要多做前期的试探性接触，如用电话拜访、短时间接触后立即撤退等方式进行火力侦查，了解对方的条件、掌握对方的意图、分析对手的特点等。

为此，在谈判过程中，你可以做以下心理暗示：

①“谈判本身就有风险，即使失败了，也没什么。”

②“不要小看我的对手，但也不能高看他，谈判是一种对等的游戏。”

③“他和我的情况是一样的，他此刻的心里也是不安的，不要有‘逃跑’的念头，要从容地迎接谈判。”

④“本着自身的目的谈判，以游戏的心态面对。”

⑤“不要试图让他接受我的价值观。”

2.用心倾听

谈判不是谁说得多谁就掌握了主动权，恰恰要让对方多讲，自己多听，从对方的谈话过程中进一步了解对方的谈判风格，进一步搜集信息、了解对手漏洞、找到双方的共同利益点……听的好处是无穷的。而谈判场合的倾听，是“耳到、眼到、心到、脑到”四种综合效应。“听”即不仅运用耳朵去听，而且运用眼睛观察，运用自己的心去为对方的话语作设身处地地构想，并用自己的脑子去研究判断对方话语背后的动机。

3.巧妙回应

心理学的研究表明，人们难以接受那些对自身带有攻击性的、违背社会规则的、违反伦理道德的行为或事物。如果人们感觉别人对其说话的方

式和意图是善意的、和缓的、尊重的。那么，即使你听出谈判对手言语间的某些不善意的因素，也不要与之对抗，而应该巧妙地加以回应，在态度上形成积极的呼应，减少对抗、戒备、敌视等不良反应。

总之，从心理学的角度看，谈判双方中的任何一方，谁说的多，自我暴露得也就越多，就越容易被对方掌握心理，而谈判本身就是一场心理博弈，谈判过程就是一场主导权的争夺战，因此，在谈判中，并不是谁说得多，谁就说了算，任何一个谈判者都要认识这一点，将主动权始终牢牢掌握在自己手中。

先摸清对方底细，方能底气十足

在这个商业社会的信息时代，我们时时刻刻都面临着形形色色的谈判。古人云："天外有天，山外有山。"在交涉和谈判中，强中自有强中手。谈判，打的就是一场心理战。等到真正谈判开始，就进入心理角力战。任何一个谈判者都不愿充当傻瓜，双方获胜谈判的出发点是在绝对不损害他人利益的基础上，取得自己的利益。为此，对手往往会隐瞒自己的真实意图和需求力求占据有力的谈判地位。而我们若要顺利达到自己的目标，就就要先摸清对方的底细，只有这样，在谈判桌上，我们才能底气十足地说话，才能在谈判过程中有的放矢。

春秋战国时期，苏秦的弟弟苏代就用这种为敌人分析利弊的方法说服西周，顺利地解决了一次东西周之间的水利纠纷，并获得了双方的奖励，事情大致是这样的经过：

当时，东周为了发展农业，提高农作物的产量，准备改种水稻。而西周掌握着东周的水资源，因为西周在高处。东周准备种水稻的消息很快传到了西周，西周坚持不给东周放水。东周国民非常着急，于是发出话来，谁能去说服西周放水，国家要给予重奖。这时，苏秦的弟弟苏代就毛遂自荐去说服西周。

苏代来到西周后，就对西周人说："我听说你们不给东周放水，这个决定可不高明啊！"西周人问："怎么不高明呢？"苏代说："你们不给东周放水，他们就没有办法改种水稻。只能改种小麦。这样，他们就再也不用求你们了。你们和东周打交道也就没有主动权了。"

西周人问："苏先生，以你的意见怎么办好呢？"苏代说："要听我的意见，你们就给东周放水。让他们顺利地改种水稻。改种水稻就常年都需要水，这样东周的经济命脉就掌握在你们手里了。你们一断水他们就没辙了。他们时刻都得仰仗你们，巴结你们。"西周人听了觉得有道理。不但同意给东周放水，还重重奖励了苏代。

苏代之所以能成功，主要是因为他找出了放水对西周人的好处和不放水的弊端，在权衡利弊后，西周人自然会做出明智的决定。从这个故事中，我们懂得一个道理，与敌人打交道，要想取胜并不是不可能，关键在于找出敌人的底细，然后对症下药。

在谈判中，一般情况下，双方都站在利益的对立面，谁先暴露自己，谁就最先偃旗息鼓而败退，要想克敌制胜，就要先摸清对方的虚实。

在谈判桌上，双方都希望最后的谈判结果有利于自己，为此在还没有进入到会谈阶段之前，谈判双方在心中就已经有了一个大致的目标和方案。这个目标和方案就构成了谈判中的"焦点"。因此，谈判中最重要的，就是能把握好这个中心点，控制好谈判的进程，使之朝着有利于自己的方向发展。要想达到这个目的，我们要做的就是控制大局，但同时，也要关注细节，其中敌人的底细就是我们要掌握的一个重要内容，这些细节有时候也关乎成败。

知己知彼方能百战百胜，谈判中更是如此，要想掌控谈判局势，我们最

好多做准备工作，多观察和了解对手，摸清对方的底细，才会更有把握。

那么，我们怎样才能找出敌人的底细呢？

1.善听，引导对方多说

常言说："锣鼓听声，听话听音。"真正会听的人，会听出对方的"音"，然后做出正确地分析和判断，从而拿出应对的策略，这些都是能不能实现谈判目的的关键。

因此，我们要想做一个善于社交，善于谈判的人，就要在无声中听出对方的底细，同时，还要引导对方多说，因为对方说的越多，对我们就越有利。对方说话时，不要打断对方，不要怕"冷场"。当对方有一种"言多有失"的警觉时，要尽力地"谆谆善诱"。

2.善于识破对方的谎言

在大多数的商业谈判中，双方都不会把谈判的机密全盘托出，这主要是出于自我防卫的考虑。在谈判中，如果你问"这真的是你能提供的最好条件吗？"这样的问题，答案总是"是的"。没有人会回答说："这个嘛，实际上，不是这么回事。我只是希望你会这么想。"

所以，我们在倾听了对方的意见后，要从对方说话的神情、讲话的速度、声音的高低、说话的思维逻辑等方面，判断出对方的真实意图和所说之话的水分。关于这一点，我们必须练就火眼金睛，抓住细微表情，因为很多时候，一个人无意识状态的表情和动作更能反映他内心的真实想法。

3.多用技巧，采用迂回战术

案例中的苏代采取的就是迂回战术，但我们在谈判时，要用轻松的语言去交流，这样就不至于把谈判双方的神经搞得过于紧张，甚至引发谈判的僵局。说话时，还要瞻前顾后，不能顾此失彼，更不可前后矛盾，否则将会引起对方的猜疑而导致被动。

总之，我们要想在交际中找出对方的底细，就尽量不要按照对方的思路走。要千方百计把对方的思维方式引导到你的思维方式上来。然后要学会根据具体形式采取相应的对策，取得社交的胜利。

装装糊涂，避开谈判雷区

谈判行为是一项很复杂的交际行为，它伴随着谈判者的言语互动、行为互动和心理互动等多方面的、多维度的错综交往。

在谈判过程中，你能否成功识别出对方的现实动机和长远目的、对方派出人员的权限乃至其心理状态、个性特征等，在很大程度上影响着谈判的成败与否。

美国谈判学会主席、谈判专家尼尔伦伯格说，谈判是一个“合作的利己主义”的过程。而谈判的最终结果是，双方都必须按照谈判结果行事，这就要求谈判者应以一个真实身份出现在谈判行为的第一环节中，去赢得对方的依赖，继以把谈判活动完成下去。而事实上，我们都知道，谈判是一场博弈活动，博弈的参与者也就是谈判双方都希望谈判结果能利于己，谈判者又很可能以假身份掩护自己、迷惑对手，这就使得本来很复杂的行为变得更加真真假假，难以识别。

同时，对方说的每一句话对于我们来说，都可能是一个“套儿”。从这个角度看，我们在谈判的时候，只有随时保持谨慎，一旦发现对方的陷阱，就要迂回处理，绕开雷区，才有可能反败为胜，取得谈判的主动权。

在美国某乡镇有一个由 12 个农夫组成的陪审团。有一次，在审理了一项案件之后，陪审团中的 11 个人认为被告有罪，另一个人则认为被告不应该判罪。由于陪审团的判决只有在其所有成员一致通过的情况下才能成立，于是这11个农夫花了一整天的时间，想说服那位与众不同的农夫改变初衷。此时，天空中忽然乌云密布，眼看一场大雨就要来临，那11个农夫

都急着要在大雨之前赶回去，好把放在屋外的干草收回家里。可是，这时候另外那个农夫却仍旧不为所动，坚持己见，11 个农夫个个都急得像热锅上的蚂蚁。他们的立场开始动摇了，最后，随着“轰隆”一声雷鸣，这11个农夫再也无法等下去了，他们转而一致投票赞成另一个农夫的意见：宣告被告无罪。

在这一谈判案例中，这位农夫在面对强大的谈判阵容的时候并没有轻易就范，而是利用了其他农夫都急于结束谈判的心理，向他的对手们展开心理攻势，让对手急得像热锅上的蚂蚁，最终在忍无可忍的情况下，这群农夫放弃了自己的立场：宣布被告无罪。

一场谈判就是一次博弈，要了解那么多的材料，并进行综合、分析、推理、决策，大家都没长前后眼，不能未卜先知，如果你一不小心，就会陷入对方设定的陷阱中，为此学会装糊涂，巧妙反击就很重要。

可见，在谈判中遇到对方的语言雷区时，我们一定要沉着冷静，采用迂回的策略，保护自己的利益，从而取得谈判的胜利，如果正面回答很可能就撞在对手的枪口上。

1983年，我国某法学家在联邦德国举办的国际刑法研讨会上，应邀作了关于当前中国刑法发展的报告。结束后，有人提出：“人们在行为当时，怎样能够预见自己的行为是犯罪的呢？假如一个人在马路上踢足球，在踢的时候并不犯罪，但后来踢碎了附近的门窗玻璃，因而可能事后判了罪，对这一点行为人怎能预先知道呢？”报告人面对这个难题半开玩笑地说：“世界各国人民都爱踢足球，我们也在提倡，所以你可以放心，不致于因踢足球而被判刑。”

很明显，报告人的回答是答非所问的，然而全场立即响起了一阵爽朗的笑声。可见答非所问在特定的场合中也是一种非常必要的答话技巧。

可见，在重大的谈判当中，我们一定要言谈谨慎。如果缺少了冷静，就会被凝重的气氛和压力击垮，也就不可能赢得谈判，所以我们说，冷静是应对谈判的上策。

而为了达到这一目的，在谈判中，我们就必须做到具有稳定的心理，并且善于察言观色，以了解对方的心理。具体说来，在谈判中，我们需要做到。

1.控制自己的情绪，不让情绪出卖你

很多时候，我们与谈判对手的较量，就是心理的较量，谁先缴械投降，谁就输了。任何人都是有情绪的，但你千万不能因为自己的情绪而暴露自己，让对手有机可乘。

比如，当对方提出的某些条件让你觉得不可思议，甚至触犯了你的底线时，你可能会愤怒，但此时你要明白，在涉及利益的谈判中，愤怒只会泄露你的内心情况。

2.说话保持客观公正的态度，尽量隐藏好自己的目的和动机

一般来说，我们若想谈判成功，就必须要探知对手的内心世界，从而攻破对方的心理堡垒，但无论使用什么方法，一定不要让他知道你的企图，为此在说话时，你要保持客观公正的态度。如果对方发现你说话时带有某些情绪色彩，那么就很容易被对方识破。因为一般来说，你探知对方的企图越明显，他越会觉得你“图谋不轨”，你是在刻意影响他；相反，如果你无意中说一句话，假装不在意地提问，他反而会没有心理阻抗，也不会认真地琢磨你说的话，因为他觉得你没有操纵他的意图，如果他的想法果真被你猜中，那么，他将会“中招”，将自己的真实意图脱口而出。

3.面对难以回答的问题，找个借口

在谈判过程中，如果对方逼你表态，而你无法做出抉择，你就可以大胆坦言：“我还需要仔细考虑，请给我一点时间。”这样，你不仅可以省去许多麻烦，也是冷静应对的重要手段。

任何谈判都是双方博弈的过程，我们所希望的最终结果当然是不能损害自身利益，抱着同样的心理，对手很有可能会为你设下陷阱，为了不伤

和气，最好的方法就是装糊涂，绕开陷阱。

退一小步、进一大步的谈判技巧

聪明的博弈者都知道，谈判是富有竞争性的合作，虽然不是战争，不是你死我活，但是谈判也绝不是找朋友。从利益的角度看，双方都希望获得一种公平公正的协议方式，但在谈判桌上，面对一些棘手的利益冲突问题，双方常常会争执不下，不肯妥协。作为一方利益的代表者，如果你死守自己的立场、不肯退步的话，那么，你迎来的不是谈判的失败就是僵局。

一般来说，参与谈判的人都身兼重任，因此，很多时候他们不太敢用退出来要挟对方，生怕谈崩了弄得鸡飞蛋打。而谈判老手都会“不择手段”地揣摸对方的真实意图，摸清了底牌就掌握了谈判的主动权，这时再以什么方式取胜，便是技术问题了。暂时离开谈判桌，也就是以退要挟达到进的目的，这是常用的一种技巧。

巴拿马运河最初并不是由美国开凿的。19世纪末，法国有一家公司跟哥伦比亚签订了合同——在巴拿马境内开一条连通大西洋与太平洋的运河。主持该工程的总工程师是因开凿苏伊士运河而闻名世界的法国人雷赛布，他自以为对此驾轻就熟，然而巴拿马的环境与苏伊士有很大的差异，工程进度十分缓慢，资金也开始短缺，公司陷入了窘境。

美国早在1880年就想开凿一条连贯两大洋的运河，由于法国抢先一步与哥伦比亚签订了条约，美国极其懊悔。在这种情形下，法国公司的代理人布里略访问了美国，以 1 亿美元的价码向美国政府兜售巴拿马运河公司。事实上，美国早已对此垂涎三尺，知道法国拟出售公司更是欣喜若狂。然而，美国却故作姿态，罗斯福指使美国海峡运河委员会提出报告，证明在尼加拉瓜开运河更省钱——在尼加拉瓜开凿运河费用不到2亿美元，在巴拿马运河的费用虽然只有1亿美元，但加上另外要支付收购法国公司的费用后，全部支出达2.5亿多美元。从支出费用上来看，当然是在尼加拉瓜开凿运河更划算。

布里略看到美国海峡运河委员会提供的这一报告后大吃一惊。如果美国在尼加拉瓜开凿运河，法国岂不是一分钱也收不回来了吗？于是他马上游说美国，表明法国公司愿意削价出售，只要4000万美元就行了。通过这种欲进先退的方法，美国就少花了6000万美元。

罗斯福又故伎重施，他指使国会通过一个法案，规定美国如果能在适当时期与哥伦比亚政府达成协议，就选择巴拿马，否则美国就选择尼加拉瓜开凿运河。

这样一来，哥伦比亚也坐不住了，驻华盛顿大使马上找美国国务卿海约翰协商，签订了一项条约，同意以100万美元的价码长期租给美国运河两岸各宽 3 公里的“运河区”，美国需每年另付租金10万美元。

罗斯福成功地运用以退为进这一谋略，轻而易举地就截取了巴拿马运河的开凿和使用权。可见，离开谈判桌，交易筹码通常只多不少。

在谈判中，我们不要画地为牢，误以为因为这是谈判，就非谈不可。其实，离开谈判桌，这反倒是成交的有效手段。

小杨是一家电子公司的销售经理，几天前，他曾代表公司和另外一家公司的采购部主任进行过洽谈，客户对他们公司的商品很感兴趣。这天，他第二次拜访这位客户，想敲定这趟生意。在经过一番寒暄之后，双方谈到了价格问题。

销售方：“您觉得还有什么问题吗？”

客户：“你们的产品质量的确不错，不过我还是觉得贵了点。如果能再优惠一些我会考虑的。”

销售方：“这样，每件电子配件我们再降10元，这个价格已经很低了，不能再降了。”

客户：“这个价格也不低啊，能再降一些吗？”

销售方：“这样，我们电子配件单价的降价范围是不能超过20元的，说实话，对于那些合作多年的老客户，我们也始终没有超过这个范围。如果您真的想要我们公司的产品，我就给您个特惠价，每件电子配件我们给您降20元。就权当您是我们的老客户了。您看怎么样？”

客户：“哦，那好。就这样吧。”

交易过程中，无疑会碰到讨价还价的事，让步也不足为奇，适当地让步有助于缓和紧张的销售氛围。可以说，案例中的销售经理让步的策略就是正确的，寥寥数语中，他便表明了让步的立场，让客户明白他做出的让步已经是情理之外了。这样，即使客户还想讨价还价，也不好提出了。

在谈判过程中，只要我们能掌握对方的底牌，懂得退一步的话，那么必当能置之死地而后生，获得更大的进步。但在使用这一策略的时候，我们需要注意以下几条法则：

谈判法则一，一定要充分利用各种手段进行造势，在外部环境中给对方形成压力和动力。

谈判法则二，处在被动状态时，一定要想办法给自己一个调整的时间和空间。

当谈判处于僵局就需要一个退步，你可以先告诉对方，由于该项目比较重要，拍板权并不在你的手里，你做不了主。多数时候僵局不是因为根本性的原则问题，而是面子问题，你一软下来，给了对方面子，对方也就软下来了，再一起吃饭聊聊天，气氛一缓和，往往也就差不多了。

谈判法则三，不能急于求成。

对于今天不谈下来明天就属于其他人的“项目”，谈之前一定要清楚自己的底线，在范围内妥协让步，如果超出了底线，干净利落放弃，不要纠缠；而如果“项目”是你眼中的璞玉、别人眼中的石头，就可以慢慢谈，计算得失优劣。

总之，在利益冲突不能采取其他的方式协调时，恰当的运用让步策略是非常有效的工具。但无论如何，千万不能顺着对方思路走，一定要有自己的主线，让对方跟着你的思维。

谈判要有耐心，别急于求成

无论是博弈还是谈判，参与者都希望能高效率地达成合作、促成皆大欢喜的结局。但一宗交易的实现，有时候并不是我们一厢情愿的。为了使自身利益不受损失，人们都会思虑再三，也有一些人在谈判中为了赢得主动而故弄玄虚。所以，心急吃不了热豆腐，你在言谈中不可表现出自己急于成交的情绪，如果遇到沟通不顺的情况，就显得急躁不安，那么，时机没把握好反而会让所有努力都白费，导致功败垂成。

另外，有人说，谈判与博弈有时候打的就是时间战，谁先坐不住、谁表现得急躁，谁就输了。

王飞是一名保险推销员。最近他得知，某公司董事长杨先生正在市郊购买了一套别墅，还没有上保险。这天，王飞来杨先生家推销保险。可是，却遇到了这样的事情：

杨先生的儿子很调皮，父母出门后，让他在家看电视，可是回来的时候，却发现小家伙不见了，这可吓坏了杨先生和他太太。于是他们开始分头去寻找，并且还报了警，郊区本来就很大，找个小孩更是很难，但还好，警察和周围的一些居民也开始帮忙寻找。

王飞看到这一幕，认为这正是推销人身和财产保险的时候，于是他

凑到杨先生跟前，开始推销他的保险，当时杨先生很生气，没好气地说：“拜托，等我把儿子找到再说好吗？”

谁知，王飞很不识时务，不但没有帮助杨先生找孩子，反倒继续喋喋不休地大谈保险的种种好处。这下可把杨先生气坏了，他太太更是生气，杨先生忍无可忍地对王飞大吼：“你如果肯帮忙把我儿子找回来，那么保险业务的事情咱们日后找个时间再谈。但是，我警告你，你现在要是再跟我提什么见鬼的保险业务，就请你先滚出去！”推销员王飞被客户杨先生说得面红耳赤，夹着公文包灰溜溜地走了。

事后找到儿子的杨先生越想越生气，甚至开始痛恨这个根本不关心别人安危，只知道推销保险的王飞。当他打听到王飞的底细后，由于好歹在商界有一定的名声，他跟很多经理和老板打了招呼，绝不买王飞推销的保险，这下王飞的业务就可想而知了。

案例中的保险推销员王飞在销售行业有如此结果，是因为他太急于求成。首先，他推销的时机就不恰当，客户杨先生当时十万火急，可是王飞却不知深浅，向客户推销保险，让杨先生很反感；其次，当杨先生希望他能帮助自己找儿子时，他不但没有考虑客户的感受，反倒继续喋喋不休地推销，这让客户更加生气，可见，是王飞自己断送了自己的销售之路。相反，如果销售员王飞在客户丢失孩子的情况下，细心的帮助杨先生找到孩子，客户一定心存感激，事后再商量保险的事，说不定结果会大大不同。

俗话说，欲速则不达，谈判也是一样。所以，无论你所处的谈判情境是怎样的，都要保持心态的平和，切不可得意忘形，也不可急功近利，只有做到心中有数、以静制动，才能不被对方左右，从而把握谈判的主动权。

乐乐高中毕业后就自己开了一家服装店，因为眼光独特，进的衣服都款式新颖，尤其受年轻女孩们的欢迎。这天，一个女孩来买衣服，在经过一番挑选之后，女孩把目光锁定在一件款式时尚的长款外套上。

店主：“这件衣服是前几天刚到的货，不论是花色还是款式，都是非

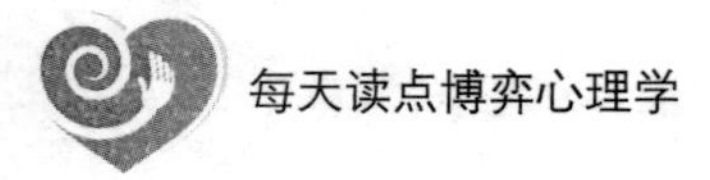

常时尚的。如果您喜欢可以试一下。”

女孩试过衣服之后。

店主：“这件衣服非常能衬托你的气质，特别是你今天正好穿了一条白色的裤子，看，搭配起来多漂亮。而且现在就能穿。”

客户：“恩，是不错。不知道价格怎么样。”

店主：“这件衣服是新款上市，299元。”

客户：“那么贵，只不过是一件外套嘛。不能便宜了吗？”

店主：“这件衣服属于春秋装，现在是春天，到了秋天同样可以拿出来穿，而且绝对不会落伍。其实一般我都是很少打折的。难得你这么喜欢这件衣服，穿起来又这么漂亮，那给你打个9折吧。”

客户：“好吧，那就拿这件吧。”

在这一销售过程中，店主乐乐之所以会成功卖出产品，是因为她活用了价格：报价的时候稍微高出卖价，然后再以打折让客户感觉获得了利益，这样商品不仅能够以较合理的价格成交，也不会造成客户的反感，甚至还会让客户欢喜而归。

急功近利，行事冲动，是很多人谈判失败的重要原因。他们一旦遇到对手的拖延战术，便显得急躁不安，继而失去原本守住的有利地位。而这一点，更是一些经验尚浅的年轻人的通病。要克服急躁的毛病，需要我们培养自己的耐性，沉着冷静，学会冷处理。

很多时候，我们与谈判对手的较量，就是心理的较量，谁先缴械投降，谁就输了。然而，我们不得不说，任何人都是有情绪的，但无论如何，在谈判中都不能因为自己的急躁情绪而暴露自己，让对手有机可乘。

还价来来回回，别轻易敲定价格

我们都知道，任何一场谈判，其实都是参与者为了追求自身利益最大化进行博弈的过程。既然是谈判，也就是只有经过“谈”，才能达成共识，其中重要的一方面就是价格上的分歧。作为卖方，我们深知利润来自于产品成本和销售价格之间的差价，产品一旦生产出来，在成本不变的情况下，售价越高，我们的利润也就越高。谁都希望自己的产品销路好，受到买方的欢迎，同时也希望产品能够卖个好价格，多获得一点利润。

所以，在推销产品的过程中，一些人为了吸引买方的目光，他们会提出较低的价格，虽然这样能尽快促成合作，但事实上结果却不尽如人意，他们不是丢了客户，就是丢了利润。相反，有一些人，采取与之相反的策略，他们利用较高的报价来为自己争取利润，但这并不意味着报价越高，产品价格就卖得越高。实际上，在具体的价格谈判的过程中，总会涉及砍价，所以在火候未到的时候，谁都不能轻易说定价格，多给自己留余地，才能有还价的空间。

小王是某建材公司的销售员。一次他同一个房地产公司的采购负责人进行商谈。

销售员：您对于我们的产品还有什么想要了解的吗?

客户：大致情况我都知道了，你们的产品不错，但是我觉得你们的产品价格还是偏高，如果你能再降些价格，我们可能会认真考虑一下……

销售员：我想对于我们产品的质量您是十分清楚的，您刚才也承认了，我公司的建材产品之所以这样受欢迎，完全得益于产品良好的质量，我们的产品在业界的良好声誉已经很多年了，可以说是老字号了。您完全不用担心质量问题，而且我们还会为你们的装修工程提供多种解决方案，从设计方案到材料的各项配置，我们都可以提供全程服务。您觉得这价位合理吗？

客户：你们的产品和服务的确不错，的确很吸引人，和你们合作自然放心。可实际上，相对于我们的预算，还是有点贵。如果能再优惠一些我会考虑的。

销售员：如果能降，我当然会给您降的，但是，你知道目前各个行业的原材料都在涨价，我们这里自然也不例外，供货商纷纷涨价，我们的利润已经是非常小的了。

客户：但这价位还是贵。

销售员：这样吧，我们都谈了那么久了，总不能让您白跑一趟。我们每件门窗的降价范围即使是老客户也不能超过50元，我给您降50元，怎么样？但是，我们必须先拿到70%的首付，三个月内还清，其他条件不变，你看怎么样？

客户：哦，行，那就这样吧。

从这个销售案例中，我们发现在销售过程中，要善于变通，不要一条道走到底。因为商场中的讨价还价是一个多阶段的博弈过程。因此，从谈判伊始，我们就要有打车轮战的准备，切不可把价格说死。

因此，我们在进行价格谈判时，要有一定的降价空间。因为在谈判中，无论你的的第一次报价多么吸引人，对方都希望进一步获得更低的价格，一旦你的第一次报价过低，在谈判中就很容易处于被动，要么对方转身离开，要么商品被低价售出。

那么，具体来说，在价格谈判的过程中，该如何把握价格的波动问题呢？

1.要有两手准备，不要自断后路

除非你的产品是零售或目录价格，否则你都不要把价格说死。当对方对你的问题感兴趣了，直接询问你的产品价格，你通常要准备两套策略。一个是可以有比较优势的范围价格；还有一个就是正式的报价，一般要比

公司规定的统一报价要低，比公司规定的低限要高。如果你知道竞争对手的价格，那最好与其相当。这样，对方会觉得你比较有诚意，当然价格也合理，合理的利润才是保证优质服务的前提，不可盲目低价。

2.不要给对方过多的想象空间

首先，降价次数不可过多。

通常来说，降价次数不要超过2次。而且在谈判前，你最好就把可能在谈判中出现的价格异议环节设计好。你不妨告诉对方：“我们是直接和厂家订购，省去了广告费、进场费用。所以给您的价格也是接近最低价了。”把这个道理告诉对方，让对方断掉继续和你讨价还价的空间。

其次，善用后台。

比如你的主管或老板都是你可以借用的“黑脸”——不退让的后台，即使你是可以做主让步的，你都设计一个虚拟的后台，来帮助你扮演黑脸的角色。

最后，要善于利用资源营造出自己是为对方着想的氛围。

比如虽然价格是规定死的，你可以以个人名义为对方赠送一些服务或礼品，让对方觉得你也是左右为难，已经尽力帮他在考虑获取最大的权益，相信对方也是能够体谅。

总之，在价格谈判中，刚开始一定不要把价格定得太死，不管怎么样都要给接下来的谈价留下余地，否则谈判工作就很难正常展开，更不要提有多大的利益空间了。

谈判活动中的报价学问

在商场的谈判过程中，很多时候，谈判的中心都是围绕“产品”和

“价格”在转。而如何报价这个问题对于每个谈判人员来说，都是很重要的一环。如果我们的报价满足对方需求，符合市场行情，那么交易的达成率将大大增强，反之生意失败率也将非常高。可以说，报价在一定意义上决定了我们谈判的成败。

讨价还价在谈判中已是司空见惯之事，有时我们提供的是优质服务和优质产品，不想用降价来取胜，就需要合适的报价，千万不能在开始就报价过低。

客户：“你能打多少折扣给我呢？”

推销员：“抱歉，本公司一向规定不打折扣，因为我们的产品在质量上是从不打折扣的，所以也很难在价格上打折扣，如果我们随便打折，那我们公司将名誉扫地。”

客户：“×××公司答应如果我们买他们的产品，就给我们九五折，你们为什么不给折扣呢？”

推销员：“据我们所知，给折扣的公司早已把那5%的利润打入售价之中。本公司绝对不用这种‘羊毛出在羊身上’的办法来讨好客户。我们现在的售价，是最合理的售价，您不认为我们是个有信用的诚实的公司吗？”

在这个例子里，销售人员始终不肯松口，面对客户的“刁难”，他抓住公司的声誉做文章，使对方感到公司确实是可以信任的，因为他们宁可冒减少销售的危险，也不干骗人的勾当。在谈判过程中，报价是我们必须面临的一个问题，而且是成败的关键。假如一开始就报价过低，而忽视对对方的分析，会让价格失去波动空间，也让自己变得很被动，得不偿失，很容易丧失掉生意。

无论是买方还是卖方，我们的立场是以理想的价格成交。然而，没有不讨价还价的买方，所以我们要学会技巧地报价，那么在这个过程中我们应该注意什么呢？

1.报价原则

报价也是有原则的，报价时，我们必须有底线，切不可随心所欲，一般来讲，报价的原则主要有以下两种：

①报价不能太低。案例中的电脑销售员就犯了一个报价过低的错误，可能他的本意是以合适的价格迅速成交，但在客户看来还有降价的空间。另外，如果我们报价过低，也会让对方对产品产生误解，认为产品质量不过关而放弃购买。

所以，作为卖方，我们第一次报价的多少，直接影响着对方对产品的价格衡量。即便是想“薄利多销”，我们也要留下一定的价格空间，最好可以在低价和理想价格之间找到一个中间价，将报价定在这个中间价之上一些。这样不仅能扩大谈判空间，还能获得更多的利润，从而保证价格谈判工作能顺利进展。

②报价要在合理范围内，不可太高。虽然做生意要尽可能地报高价，但是如果价格不切实际，也会引起买方的抵制情绪，甚至给买方留下漫天要价的不良印象。所以，我们的价格要维持在一个合理的范围之内。除非你有充分的理由来证明价格的合理，比如强调附加值，让买方感觉的确物有所值。

③选择合适的报价时机。在谈判中，报价时机成熟意味着交易已经完成了一半，关键在于如何能找到这个关键点。大量谈判者的经验表明，最佳的报价时机必须具备下列两个条件。

首先，买方对产品有充分的了解。

其实买方都会对产品价格产生异议，这也是人们购买产品时，普遍存在的心理。只有在他了解产品的具体情况后，能够理性地看待产品价格了，这时候再报价效果会更好。

其次，买方对产品有强烈的购买热情。

如果买方的购买热情并不强烈，除非是价格很有吸引力，否则我们主

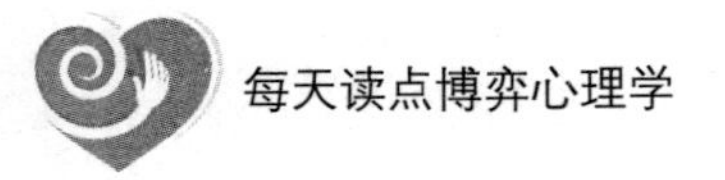

动报价，对方也会不为所动。倘若价位对买方来说比较贵，那么这单生意肯定会泡汤。

2.报价的技巧

我们首先必须掌握一些报价的基础技巧，这些技巧主要体现在以下几个方面：

①价格分解法报价。这种方法是将整个产品的价格以小单位来报价。打个很简单的比方，如果你购买一台电脑需要5000元，你可以这样告诉对方：你这台电脑的使用年限是十年，也就是一年才500元，一天才不到两元钱，非常划算。

②突出产品价值法报价。如果能让买方感觉物有所值，报价也就不再是问题了。

③模糊报价法。模糊报价有时候是出于商业机密的需要，有时候却也是一种有效的报价技巧。模糊性报价一般以整数的形式出现，它通常会比实际价格要低一些，主要是为了吸引对方的注意力，争取机会，顺利进入谈判阶段。在谈判中随着产品价值等因素的一次次强化，对方也就非常容易接受实际价格。

利用这些技巧，相信我们的价格谈判工作一定能顺利开展。要注意的是，无论生意是小是大，我们都要做长线生意，不能乱开价，也不能咬死不让，这样我们才能把产品卖出满意的价格，同时与买方保持良好的关系。

总之，价格谈判中的报价是一门学问，也是谈判中重要的一环，合适的报价才会让谈判有继续下去的可能。

第12章

圆融通达，进退自如的处世心理博弈

在我们的生活中，处处充满博弈，人与人之间存在博弈，自己与自己之间亦是如此。在我们身边，似乎总有一些人被欲望控制、为人际交往、为人生发展而累，其实，对这些烦恼，我们都能找到相应的心理博弈策略为其解决。也就是说，人生在世，只有懂得进退自如的做人哲学和圆润通达的处世艺术，才能成就智慧的人生。

自我博弈：绝不可纵容自我

在现实生活中，人与人之间存在博弈，其实自己与自己之间也是一个博弈的过程，任何事物，其内在也是相互矛盾的。对于人类自身来说，向自己挑战就是抵抗的策略，纵容就是合作的策略。根据囚徒困境的理论，我们知道，在一次性博弈中，抵抗是最好的策略，而重复博弈则需要合作。对这一点，却不能被运用到自我博弈中，因为自我博弈是一个无限次的博弈，我们绝不能向那个软弱的、懒惰的、消极的自我妥协，而应该坚决抵抗，否则，纵容自我就等于走向毁灭。

“每次当我想吃巧克力的时候，我就告诉自己，如果我吃了第一块，我绝对会接着吃下去，那么我前期的努力不就白费了？”

“我减肥的动力是每天照镜子，看到镜子里胖胖的自己，我就有毅力了，我告诉自己，如果你想变美，你就必须管住自己的嘴。”

“肥胖实在太让人苦恼了，一个胖子很多事情都做不了，每天走路都很吃力，我告诉自己，如果我能坚持下来，就能瘦下来，我一定会活出一个新的人生。”

“我减肥的最初动力是因为一次逛街，那天我试了件衣服，无奈我太胖了，走出店的时候，我听到导购员在小声地议论：‘我们店还真没有她穿的号。’在那一刻，我受到了强烈的打击，我发誓一定要瘦下来。”

……

这就是自我博弈成功后的结果。生命是短暂的，每个人都有太多的事需要做，我们需要健康和轻盈的身体，因此不要总是把精力放到口腹之欲上，但抵制美食的诱惑、管住自己的嘴巴，也并不是件容易的事，需要我们调动自己的意志力、掌握一些心理策略。总之，做到心理战胜嘴巴，我们就实现了自控的第一步。

一个人要追求成功和幸福，就需要有较强的自控力，这是毋庸置疑的，自控力是成功和幸福的助力、保障，同时也是一个人性格坚强与否的重要标志。

一个人的自控心理和自控力如何，直接关系到他在人生路上走得是否平衡，那些有所成就的人必备的特质之一就是自控力强。相反，人们之所以会做那些让自己后悔的事，归结起来，大多是因为自制力薄弱，抵挡不住诱惑，做了不该做的事。的确，自控心理能帮助我们抵制很多不良习惯，如懒惰、拖延等；能缓解不良情绪，如冲动、愤怒、消极；能抵御外界形形色色的诱惑，等等。而如果你无法自我控制，那么那些不良的行为和情绪就会占据主导地位，你很快就会失去奋斗的激情、学习的动力，甚至会偏离人生的正确方向，误入歧途。

可见，每一个人都应该认识自控心理对于人生发展的重要性。只有坚决地约束自己、战胜自己，最终才能战胜困难，取得成功。

保罗·盖蒂是美国的石油大亨，但没想到的是，他曾经是个大烟鬼，烟抽得很凶。

有一次，他在一个小城市的小旅馆过夜，半夜的时候，他的烟瘾犯了，就想找一根烟抽，但他摸了摸上衣的口袋，发现是空的。他站起来，开始在包里、外套口袋里寻找，可是都没有。于是，他穿上衣服，想去外面的商店、酒吧等地方买。没有烟的滋味很难受，越是得不到，就越是想要，他当时就是很想抽烟。

盖蒂穿好衣服准备出门，就在伸手去拿雨衣的时候，他突然停住了。

他问自己：我这是在干什么？

盖蒂站在门口想，一个应该算的上相当成功的商人，竟然在半夜要冒雨、走几条街去买一盒烟？没多会儿，盖蒂下定了决心，把那个空烟盒揉成一团扔进了纸篓，脱下衣服换上睡衣回到了床上，带着一种解脱甚至是胜利的感觉，几分钟就进入了梦乡。

从此以后，保罗·盖蒂再也没有拿过香烟。当然他的事业越做越大，成为世界顶尖富豪之一。

这里，我们看到了一个真正的强者，他懂得约束自己的行为，懂得为自己的所作所为负责。这样的人必当能在人生道路上把握好自己的命运，不会为得失越轨翻车。

我们听过这样一句话“上帝要毁灭一个人，必先使他疯狂”。这句话的意思是，一个人一旦失去自制力后，那么，他距离灭亡的距离也就不远了。的确，一个人连自己的行为也不能控制，又怎么能做到以强烈的力量去影响他人，获得成功呢？

在我们需要抵抗的诱惑中，有来自名利的，有物质上的，有情感上的，但无论如何，我们只有学会与自己博弈，长期坚持下去，我们的“自制力模式”就会开启。

然而，我们不得不承认的一点是，现代社会，随着物质生活的提高和科学技术的进步，一些人被周围的花花世界所诱惑，一有时间，他们就置身于灯红酒绿的酒吧、歌厅，就连独处时，他们也宁愿把精力放在玩游戏、上网上。而时间一长，他们的心再也无法平静了，他们习惯了天天玩乐的生活，再也没有曾经的斗志，最后只能庸庸碌碌地过完一生。

总之，任何一个人都要学会战胜自我、培养自制力，纵容自我只会让我们不断沉沦，闲暇时我们不妨多花点时间看书学习，不断地充实自己，才能在激烈的社会竞争中立于不败之地。

别让思维定式给你的人生设限

在现实生活中，很多人不敢去追求梦想，不是追不到，而是因为心里就默认了一个“高度”，这个“高度”就是思维定式。思维定式，顾名思义就是习惯性思维。我们常说，人生的高度取决于思维的高度，我们千万不能让思维定式为自己的人生设限，所有博弈的第一步就是与自己博弈，打好自身的第一战尤为重要。

生物学家曾经做过这样一个实验：

一只跳蚤被放到桌面上，然后生物学家拍打桌子，此时，跳蚤会不自觉地跳起来，甚至它弹起的高度是它身高的好几倍。

接下来，跳蚤又被放到一个玻璃罩内，再让它跳，跳蚤碰到玻璃罩的顶部便弹了回来。生物学家开始连续地敲打桌子，跳蚤连续地被玻璃罩撞到头，后来聪明的跳蚤为了避免这一点，在跳的时候，高度总是低于玻璃罩顶的高度。然后再逐渐降低玻璃罩的高度，跳蚤总是在碰壁后跳的低一点。

最后，当玻璃接近桌面时，跳蚤已无法再跳。随后，生物学家移开玻璃罩，再拍桌子，跳蚤还是不跳。这时，跳蚤的跳高能力已经完全丧失了。

为什么会有这样的现象呢？其实这是一种思维定式的表现。玻璃罩内的跳蚤，会产生这样一种想法：我再跳高了还会碰壁。为了适应环境，它会自动地降低自己跳跃的高度。于是，和刚开始的“跳蚤冠军”相比，它的信心逐渐丧失，在失败面前变得习惯、麻木。更可悲的是，桌面上的玻璃罩已经被生物学家移走，可是它却再也没有跳跃的勇气了。

行动的欲望和潜能被自己的消极思维定式扼杀，科学家把这种现象称为“自我设限”。

著名撑杆运动员布勃卡有句名言：“纪录就是用来打破的。”多么狂妄而又多么令人心潮澎湃啊！他不断打破自己创造的纪录，不断突破人们心目中运动的界限。因为陶醉于突破这个界限，他没有高处不胜寒的孤寂，也忘记了身体上的劳累与痛苦，所以才创造了一个又一个不可思议的纪录，突破了公认的体力界限。在挑战与突破界限束缚的过程中，他自然也就有了非凡的成绩，有了别人无法比拟的超高水平。摆脱不了思想的禁锢，人们永远也不可能有进步。

摩托罗拉的一名主管声称：“得美国国家品质奖，有一种金钱买不到的奇效。”这就是目标的效力，有什么样的目标就有什么样的人生。目标使我们产生积极性。心理学家告诉我们，很多时候，人们不是被打败了，而是他们放弃了心中的信念和希望，对于有志气的人来说，不论面对怎样的困境、多大的打击，他都不会放弃最后的努力。因为成功与不成功之间的距离，并不是一道巨大的鸿沟，它们之间的差别只在于是否能够坚持下去。

美国科普作家阿西莫夫从小就聪明，年轻时多次参加“智商测试”，得分总在160左右，属于“天赋极高者”之列，他一直为此扬扬得意。有一次，他遇到一位汽车修理工，是他的老熟人。修理工对阿西莫夫说：“嗨，博士！我来考考你的智力，出一道思考题，看你能不能回答正确。”

阿西莫夫点头同意。修理工便开始说题：“有一位既聋又哑的人，想买几根钉子，来到五金商店，对售货员做了这样一个手势：左手两个指头立在柜台上，右手握成拳头做出敲击的样子。售货员见状，先给他拿来一把锤子，聋哑人摇摇头，指了指立着的那两根指头，于是售货员就明白了，聋哑人想买的是钉子。聋哑人买好钉子，刚走出商店，接着进来一位盲人。这位盲人想买一把剪刀，请问：盲人将会怎样做？”

阿西莫夫顺口答道：“盲人肯定会这样。”说着，伸出食指和中指，做出剪刀的形状。汽车修理工一听笑了：“哈哈，你答错了吧！盲人想买剪刀，只需要开口说‘我买剪刀’就行了，他干吗要做手势呀？”

智商160的阿西莫夫，这时不得不承认自己确实是个“笨蛋”。而那位汽车修理工人却继续说：“在考你之前，我就料定你肯定要答错，因为你

受的教育太多了，不可能很聪明。”

这里，修理工所说的“你受的教育太多了，不可能很聪明”，并不是因为学的知识多了人反而变笨了，而是因为人的知识和经验多，会在头脑中形成较多的思维定式。

那么，我们该如何打破思维定式呢？

1.用知识解放思维

人与人之间没有太大的差别，只是思维方式的不同。成功的人为什么成功，失败的人为什么失败？成功者就是因为他们与众不同的思路。因此，如果你能做到摆脱思维的狭隘性，那么，你就具备了成功的潜能。

那么，如何解放思维？没有比学习更好的方法，只有学习才能搬走“无知”这堵墙。

2.制定一个合理的目标

我们周围有许多人都明白自己在人生中应该做些什么，可就是迟迟拿不出行动来。根本原因乃是他们欠缺一些能吸引他们的未来目标。我们只有制定一个合理的、有发展潜能的目标，才能真正实现突破和创新！

总之，对于一个人来说，成功的信念和积极的心态比什么都重要。只有这样，你才能在困难中坚持，在坚持中成功。世界上最伟大的人，通常也是失败次数最多的人。面对各种不利，只要有一点点成功的可能，就要永不放弃。

帮助别人就是帮助自己

前面我们谈到，化敌为友是一个双赢的局面。智慧的人通常都能立足高远，懂得如何将博弈技巧运用到处世之中，懂得在助人的过程中拉近人际关系，因为他们深知，助人就是助己。

爱默生曾说：“人生最美丽的补偿之一，就是人们真诚地帮助别人之后，同时也帮助了自己。”在中国有句古语：“患难见真情”，我们往往格外信任那些曾经对我们雪中送炭的朋友，这样的友谊更为可靠和真实。因此，在生活中，如果你发现周围的朋友身处困境，你一定要伸出援手，为其解决难题。他日，当你需要帮忙时，他一定义不容辞。

很多时候，人与人之间感情的建立，都是在共度难关时而不是吃喝玩乐时建立的。因此，与人共事，我们只要采取合作态度，互相支持、互相帮助、互相关照，是最容易引起感情认同的，特别是在困难环境中的彼此相依为命、共渡难关。如此情谊深厚，可能终身难忘，友情也将更为牢固。

当然，对于那些身处困境中的人，只有同情心是不够的，你应该给予比较具体的帮助，使其渡过难关，这种雪中送炭、分忧解难的行为最易引起对方的感激之情，进而形成友情。别人有难处才需要帮忙，这是最起码的常识。我们内心都有一些需求，有紧迫的，有不重要的，而我们在急需的时候遇到别人的帮助，则内心感激不尽，甚至终生不忘。

《战国策》中有这样一个故事：齐国人冯谖由于贫困潦倒，几乎没有办法维持生计了，失意非常。无奈之下，冯谖前去投靠孟尝君。孟尝君问他有什么才能，他说没有，但是礼贤下士的孟尝君还是把他收留下来。后来，冯谖两次三番地对所受到的待遇感到不满，于是弹剑而歌，孟尝君闻知后，一一满足冯谖的要求，让其在心理上也有了满足感和安全感。后来，冯谖自愿去薛收债，通过巧妙地操纵，让薛地百姓对孟尝君感恩戴德，为孟尝君开辟了一条后路。

冯谖就是孟尝君生命中的贵人，他之所以绞尽脑汁竭尽全力地为孟尝君做事，就在于报孟尝君的知遇之恩。可以说，在这一点上孟尝君确实有独到之处，交落难英雄是一种智慧。其实像这样的事例在历史上何其之多，他们最终都取得了双赢。

“韩信少时父母双亡，日子过得很艰难常常没处吃饭，只好到城下淮水边钩鱼，钩到了可以卖几个钱，钓不到就饿肚子。淮水边上有一群漂洗丝絮的老大娘，各自带着饭篮在这里干活。其中一位大娘见韩信饿得有气无力，就把自己的饭分给他吃，一连几十天都这样。韩信非常感激，对大娘说‘我将来一定要好好报答你。”大娘却生气他说：“我是看你可怜才送饭给你吃，哪图什么报答！” 韩信后来受汉高祖刘邦赏识，拜为大将，在楚汉战争中为汉高祖得天下立下赫赫战功，与张良、萧何合称“汉兴三杰”、韩信功封楚王。楚地本是韩信的故乡，他有恩报恩；设法找到了当年那位漂絮大娘，对她谢了又谢，送给她一千金作为报答，漂母并不图这许多钱，但推辞不得，只好领谢而去。

漂母当初出自于慈悲心，将自己的饭分给韩信吃，却得到了发达后的韩信的重金酬谢。这就是“一饭之恩”的故事，告知人们要知恩图报，但从另外一个意义上来讲，我们要想得到别人的“报答”，首先要“施恩”，尤其是对那些落难之人，任何事物都是发展的，其实英雄落难，壮士潦倒，都是常见的事。只要一朝交泰，风云际会，仍是会一飞冲天、一鸣惊人的。

我们在帮助别人的时候，也就是在帮助自己。同时乐于助人也是中华民族的传统美德，是一个人良好道德水准的重要表现。很多时候，人们会抱怨人际关系复杂，知心朋友难寻。造成这种局面的原因很多，但其中最重要的原因很可能是我们平日考虑自己过多，帮助别人太少。一个平时不注重维护人际关系的人，很难有好人缘，“临时抱佛脚”只会给别人以“利用”之感。试问这样的人，又怎么能得到别人的信任和欢迎呢？别人又怎会对其慷慨相待呢？只有平时对他人经常帮助，别人才会拿出真心对我们。

在工作与生活中，每个人都有自己的苦恼，我们的朋友也不例外：他们可能会因为工作头绪繁多而忙得焦头烂额，可能遇到了一些经济问题，

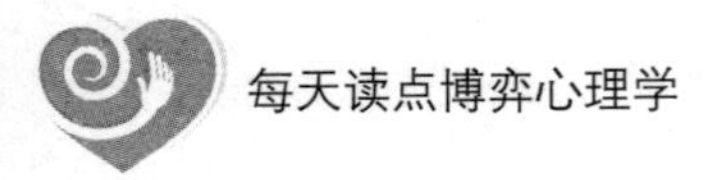

也可能遭遇灾难……此时，我们要学会关心帮助别人。患难识知己，逆境见真情。当一个人遇到坎坷，碰到困难，遭到失败时，往往对人情世态最为敏感，是最需要关怀和帮助的，这时哪怕是一个笑脸，一个体贴的眼神，一句温暖的话语，都能让人感到安慰，感到振奋。此时，你若能伸出援助之手，帮助困难者，安慰失意者，可以很快赢得别人的情谊，建立起良好的人情关系。如果对别人漠不关心，麻木不仁，小心吝啬，怕招引麻烦，交往很可能因此而终止。

总之，朋友是最可靠的人力资源，有了朋友，人生这条路，我们会走得更平坦。真正的友谊，是患难与共的，而要做到这点，我们必须要学会付出，先帮助朋友，才能在日后得到他的帮助。

先发制人，凡事超前一步

前面，我们已经分析过，掌握的信息越多，越能帮助我们博弈成功。这就是为什么人们常说要思虑周全再出手，然而这一策略也是存在局限性的，尤其是在面临一些单次博弈时，把握时机显得尤为重要，此时先发制人更能让我们占据优势。

在这个“快者为王”的时代，“快”者生存，竞争就是如此。当然，“快”的背后其实体现的是博弈者的高瞻远瞩、洞察未来的战略眼光，是经过了深思熟虑的考虑和探讨，之所以会让旁观者认为其行动迅速、先于其他人而动，关键在于其长远的预见性，先于别人看到了未来的趋势和变化，才能够从容不迫地做出快速反应和抢占先机。

我们来看下面这样一个销售案例。

一天，某手机大卖场来了一位年轻时尚的小姐。在卖场转悠了半天，

她终于停在了一款时尚新型的手机旁，并比对着其他几款手机看了起来。这时候，销售员迎了上去。

销售员："小姐您好，您的眼光真好，我们这专柜的手机都是国内很知名的品牌，这几款手机是今年的新款，都是针对您这样时尚靓丽的女性设计的。依我看，这款玫红色的手机就很适合您。"

客户："是不错，我感觉挺好的，可是这价格有折扣吗？"

销售员："这款手机的确挺适合您这样的时尚大方的女孩子。不过我们这些手机都是新款，是不打折扣的。如果是我，也会觉得有点贵，毕竟现在的手机也都越来越便宜，不过一分价钱一分货，我们这款手机之所以价格相对较高，是因为它不仅有非常多样的功能，而且颜色鲜艳、款式设计新颖，不俗套，看起来非常高贵、典雅，是品位和个性的表现，如果相对于这些来说，这个价格绝对是划算的。"

客户："可是我还是觉得贵，要比普通的手机贵出一千块呢！"

销售员："您说的没错，一般的手机真的便宜很多。但可能是我还没有解释清楚，这款手机不仅外观吸引人，而且在功能方面也是相当先进的。您看一下手机功能介绍，您看一下这个产品介绍，无论是日常功能还是娱乐功能，都非常好。而且，这是一款新上市的手机，相对一般的新品来说，还是相对便宜的。最重要的是，我真的觉得这款手机很适合小姐您，可以说与您的大方气质相得益彰。您用再合适不过了。"

客户："我是挺喜欢的，可是真的不打折吗？"

销售员："是的，小姐。如果您真的喜欢，就拿上吧。这种概念型的手机都是限量版的呢，国内就几十款，如果您以后想买的时候很可能厂家就不生产了呢。那样的话您一定会觉得遗憾。"

客户："是吗？那我就买这款了。"

案例中，这位销售员是精明的，当他发现客户看上了专柜中的这款手机后，立刻迎上去并承认客户的眼光，而当提及价格问题时，他先澄清价格贵的原因，这样就打消了客户还价的理由，于是客户最终还是决定购买。

林芝是某出口卫浴公司的老板，她经常参加一些涉外商务谈判。在对下属谈到自己的谈判经历时，她说道：

“我和老外谈判的情况会比较多，因为客户来自世界各地。总体而言，我认为老外对中国的卫浴产品是有一定歧视的，认为只要把单给我们就已经非常恩惠了。遇到这样的谈判，我通常是自始至终保持冷静的态度。”

林芝是这么说的，也是这么做的。一次，有一个客户，给她下了100多万美元的单子，但价格却已经低于她所能接受的底线了。关键不在于价格，而是对方的态度和气势。面对高高在上的对方，林芝采取的态度反而是委婉，“不好意思，这个价格我还要考虑一下，但估计情况不会太乐观，因为我们卖的是品质。”最后这个客户一拍桌子站起身就走了。

两天后，这位客户从欧洲飞回来，说一定要马上见林芝，而林芝给他的回复是：“抱歉，两三天后我才有时间。”后来，这笔生意以双赢的结果成交。

在这场谈判中，谈判对手本想以气势压倒林芝，但林芝并没有受到对方的影响，始终比较冷静，以从容委婉的态度去应对，简短的几句表达态度的话就扳回了谈判的主动权，最终实现了谈判结果的双赢。

在博弈中，无论是为了获得财富还是参与人际竞争，我们只有快人一步，超前规划，并将可能的情况都考虑在内，这样我们成功的可能性才最大。

从这两个案例中，我们可以发现超前规划的益处，在销售乃至商业活动中，我们必须要有这种凡事超前规划的习惯，才能比别人更快获得财富。当今社会，市场竞争异常激烈，市场风云瞬息万变，市场信息流的传播速度大大加快。可以说，谁能抢先一步获得信息，谁就能捷足先登，独占商机。

总之，在激烈的市场竞争下，先机稍纵即逝，速度成为获胜的关键因

素之一，此时，你的成败就要看“快”与“慢”了。

智者的生存之道——藏而不露

人与人之间的博弈，有时候比拼的不仅是才学和能力，更是智慧的较量。聪明的人都深知应隐藏好自己，尤其是在自己能力不足的情况下，这样才能很好地保全自己。

不难发现，我们的周围有这样一些人，他们虽然颇具才能，但在人前甘愿掩饰自己的真实想法，给人毫无威胁之感，而是一种亲和之态。也有一些人恃才傲物，处处表现自己，唯恐自己的才华被埋没了，最终他们因太爱出风头，最终就好像出头鸟的下场一样，被猎人击中了。

人生在世，我们宁愿做什么都不知道的糊涂虫，也不要去做处处显风头的出头鸟，因为糊涂虫往往比出头鸟活得更长久。其实，不在人前显山露水，这是一种人生境界，避开锋芒，自显光芒，这才是美丽的人生。虽然，施展自己的才华是一种积极的态度，但如果你太过聪慧，甚至盖过了主人的风头，那你的末期就不远了。因此，我们应该记住这样一条真理：藏而不露是智者的生存之道。

杨修是个文学家，才思敏捷，灵巧机智，后来成为曹操的谋士，官居主簿，替曹操典领文书，办理事务。有一次，曹操造了一所后花园。落成时，操去观看，在园中转了一圈，临走时什么话也没有说，只在园门上写了一个“活”字。工匠们不了解其意，就去请教杨修。杨修对工匠们说，门内添活字，乃阔字也，丞相嫌你们把园门造得太宽大了。工匠们恍然大悟，于是重新建造园门。完工后再请曹操验收。曹操大喜，问道：“谁领会了我的意思？”左右回答：“多亏杨主簿赐教！”曹操虽表面上称好，而心底却很忌讳。

后来，曹操出兵汉中进攻刘备，被困在了斜谷界口，想要进兵，又被马超拒守，想收兵回朝，又害怕被蜀兵耻笑，心中犹豫不决，正碰上厨师进鸡汤。操见碗中有鸡肋，因而有感于怀。正沉吟间，夏侯惇入帐，禀请夜间口号。曹操随口答道："鸡肋！鸡肋！"惇传令众官，都称"鸡肋！"行军主簿杨修见传"鸡肋"二字，便教随行军士收拾行装，准备归程。有人报知夏侯惇。夏侯惇大惊，遂请杨修至帐中问道："公何收拾行装？"杨修说："从今夜的号令来看，便可以知道魏王不久便要退兵回国，鸡肋，吃起来没有肉，丢了又可惜。现在，进兵不能胜利，退兵恐人耻笑，在这里没有益处，不如早日回去，明日魏王必然班师还朝。所以先行收拾行装，免得临到走时慌乱。"夏侯惇说："您真是明白魏王的心事啊！"他也开始收拾行装。于是军寨中的诸位将领没有不准备回去的事物的。曹操得知这个情况后，传唤杨修问他，杨修用鸡肋的意义回答。曹操大怒："你怎么敢造谣生事，动乱军心！"便喝令刀斧手将杨修推出去斩了，将他的头颅挂于辕门之外。

杨修为人恃才放荡，数犯曹操之忌，杨修之死，植根于他的聪明才智。他本是一个绝顶聪明的人，而且才华横溢，但其恃才盖主，这就犯了曹操的大忌。当曹操无意间说了"鸡肋"，本来曹操就在苦闷，不知道该如何解脱，而杨修却想表现自己，捅破了那层薄纸，这无形之中就羞辱了曹操，这就是杨修致死的原因之一。我们就要善于吸取这样的教训，保持谦虚谨慎的态度，不要随意展露自己的才华。

学校组织开新学期教研会议时，一些老教师的态度很倨傲，头发花白的李老师就发牢骚了："为什么老是安排我们老教师上普通班，年轻的老师上尖子班？你们是看不起我们吗？既然看不起就直接叫我们下岗算了，还留我们干嘛！"坐在旁边的年轻老师沉默了，小王老师作为主任组织了这次会议，他也低下头，默默地听着。李老师继续倚老卖老："你们这些

年轻人、小毛头，别看不起我们这些老家伙！别以为你们文凭高，什么重点大学研究生的，我们在讲台上吐的口水都比你们多！二十年前，我们就站在讲台上教书了。说说看，二十年前你干什么的？”“二十年前我只读小学。”小王老师只能这么回答。

等李老师牢骚发完了，小王老师才说：“这是上头领导这么安排，我也只能这么做，不过以后在工作中有什么疑问，我们肯定会请教和遵循老前辈们意见的。”就这样散会了，后来，小王老师在那些老教师面前，就像个什么都不懂的小学生一样，彬彬有礼地处处请教他们。而且无论做什么都维护老教师的意见。对于他们言语犀利的牢骚，小王老师从不反唇相讥。

时间久了，老教师们也没什么意见了。再后来，小王老师被调到更好的学校。教研组的老教师们居然舍不得他走，李老师还很歉意地说以前的牢骚很对不起他。新上任的主任恰巧也是个年轻的老师，见此就询问如何处理与老教师的关系。小王老师就说：“用一个词语来行事，就是隐忍。”

我们不难看出小王老师为人处世的智慧，在众多资历高的老前辈面前，以及他们狂妄的态度之下，小王老师很谦虚，一直以隐忍的态度对待，不管对方的话语多么犀利，不管自己遭到了如何的奚落，他总是低着头，像小学生一样。结果，正是这样的隐忍，最终换取了所有老前辈对他的不舍，以及他在教学工作中所取得的成绩。

在生活中，有的人自以为才华横溢，因而强出头，殊不知却犯了大忌。有时候，我们会遇到这样的事情，可能对于领导所提出的问题，几乎每个人都想到了，也都认识到了，却没有一个敢当面说出来，因为领导尚未表态，那将意味着自己的嘴巴需要紧闭着。人所共欲不言，言者乃大愚也。如果你争着表现自己，你以为这是施展自己才华的好机会，却不料也是你事业生涯终止的时刻。所谓“人怕出名猪怕壮”，人出名了，必会招来侧目而视，这就是惹祸的根由。

隐藏自我不仅是一种保护自我的方式，更是一种人生艺术和取胜之道，没有小忍，难成大谋，这就是隐藏自己的终极目标。

第13章

解读爱恋，给爱情增温的婚恋心理博弈

人们常说，爱情是“三分天注定，七分靠打拼”，无论是寻求真爱，还是经营爱情，男女双方都要懂得付出，因为没有坐享其成的幸福。然而，在这一过程中，我们还必须懂得运用一点心理博弈策略，从心出发，用心经营，才会起到良好的效果。

创造机会接近你的心上人

有人说，爱情是时间最美好的奢侈品，可遇而不可求。任何人在他的一生中，都会经历恋爱这一美妙的过程。但恋爱前的这个过程是纠结的、青涩的，因为双方对于彼此的心意都不了解，即使对面坐着的就是你心仪的男孩或女孩，也常常因为紧张而不知所措。其实，此时我们不妨巧妙施予一点心理博弈策略，创造机会主动接近你的心上人，让对方明白你的仰慕之情，然后突破这层关系，从而为下一步的接触打下良好的基础。

周末这天，陈东来到商场，准备为自己添置一双鞋。来到某品牌专柜，他左看右看，也没看到合适的。正准备离去时，她看到一个女孩，长发飘飘，清新脱俗，好像在哪里见过，自打那一刻起，他就对这个女孩一见倾心。她发现，这个女孩真的好面熟，仔细想了想，原来大家都在同一座大楼上班。他很想认识这个姑娘，于是，他准备主动接近她。

陈东发现，这个女孩的包是拿在左手上的，那么，从对方右侧开始搭讪比较好。

接下来，他发现，这个姑娘走进了一家鞋子专柜，陈东也继续假装看鞋。

“小姐，你这双高跟鞋打不打折，啷个那么贵？”这女孩一口重庆腔。陈东刚好也曾经在重庆上过四年大学，更觉亲切，禁不住想过去和她说几句话，但未免显得唐突，只好作罢。

“不好意思，我们这里的鞋子全部正价。”

“可是一般的专卖店也会打个八折，一双鞋子八九百，实在是有点贵撒。”此时，陈东站在了女孩的右侧，用重庆口音与导购员对话，听到陈东的回答，对方似乎很吃惊，但立即表现出很高兴的样子，对陈东说：“你是重庆哪里的？在北京做什么工作啊？”

“不是，我是在重庆读了四年的大学，对了，您是不是在××大楼上班？我以前好像见过你，还不是一次两次呢？”

“是撒，我自己开了个保健品公司。”

“相比之下，我就自愧不如了，同样是重庆来的，我还是个给人打工的呢！”

“没啥子，我当初也是这样一步步走过来的，也打了很多年工。”

“对了，我们交换一下电话吧，以后有事可以找我。”

“你不说我差点忘了……”

就这样，陈东和这个女孩认识了，后来他们成了很要好的朋友，不到半年的工夫，他们就成了恋人，而现在，俩人已经步入了幸福的婚姻殿堂。

我们发现，男孩陈东很善于和女孩搭讪，最终他成功俘获女孩的芳心。他在接近对方时，使用了一点“心计”——他发现女孩的包包是拿在左手上的，于是他选择站在女孩的右边说话。为什么要这样做呢？因为从心理学上看，每个人身体的左右两边的敏感度是不同的，一边迟钝一点，一边敏感一些。这一点因人而异，但无论如何，人们对于自己比较迟钝的一边，会本能地产生戒心。若对方的左手拿包，那么，这证明他的左边就是比较迟钝的，戒心也较强，你从此处入手，当然，被拒的可能性会大些。

关于包包，还有其他一些值得我们注意的问题。很多时候，包包能体现你与对方之间的距离。若你的情人把包包放在你和他之间，那么，这表明她还没有充分接受你，还不想与你靠得太近。因此，你应该细心点，当你发现对方有意把包包放在你们座位的中间时，你就应该知趣一点，还是暂时保持一定距离的好。

当然，在追求异性上，我们除了选用包包和行李判断，还有其他方法。比如，观察对方头发的分线。对方前额隐藏的一边，应该是较迟钝的一边；反过来则是机敏的一边。因此，你若发现对方的右额是露出的，那么他的右边就是比较机敏的，你就应该从右边搭讪。其实，这种搭讪的方法应用得比较广泛，除了追求异性，在接待客户或者销售产品时也经常用到。

当然，对于已经结识的异性，你可以通过暗示法来表明你的心意，比如，一个女孩想对有好感的男孩表白，可以这样暗示：“上次跟你见面后，我又独自在公园里徘徊，虽然时间已经很晚了，可是我却没有一点儿倦意。我觉得那天的夜色，好美，好静！”这样说，显得神秘、温馨，如果那个男孩对你也有爱意的话，自然会明白你这些话的含义，也会做出相应的回应。

或者你可以这样表达“每次和你约会时，总是在衣柜里翻半天，老觉得每件衣服都不好看，真觉得自己有点发神经了……”这样说，则显得你俏皮、可爱，更深远的意思已经在无言中流露出来了，对方必定会为你所动。

当然，无论如何，我们要想收获美好的爱情，就要大胆点，更要妙用心理博弈策略，从而一步步接近你的心上人。

巧妙探寻出心爱之人的真实想法

生活中，可能很多男女都遇到过这样的困惑，在某个场合，看到自己心仪的异性，该怎样才知道对方对自己是不是也有同样的好感呢？事实上，不论男人还是女人，如果对某个异性有好感，从他（她）的一个眼神或一些小动作就能看出来。我们先来看下面的爱情故事：

露露和杰森是在一个聚会上认识的，杰森被露露那双清澈的眼睛吸引

了，在他看来露露就是他这辈子要娶的爱人，可是令杰森苦恼的是，他才和露露认识不到一周的时间，露露长得那么漂亮，又怎么会看上自己这个穷小子呢？他转念又想，几次接触下来，露露好像对自己也有点意思。他为此十分纠结，到底怎样才能知道露露的心思呢？

杰森有个学心理学的朋友，在一次谈话中，这个朋友告诉她，看一个女人是不是喜欢你，只要看她的一些小动作便能知道。在朋友的一番指导下，杰森决定主动试探一下露露的态度。

这天，下班后，杰森把露露约到了他们上次见面的咖啡馆，刚开始的时候，他们面对面坐着，两个人谁都没有说话，沉默地喝着咖啡。杰森想让露露先说点什么，但露露只顾摆弄自己的手机。“糟了，他肯定对我没意思，不然怎么会一直玩手机呢？”杰森心想。

“你想点一些别的什么小吃吗？都下班时间了，应该饿了。”杰森很体贴地提建议。

“不用了，下午我在办公室吃过东西了，再说，我包里还有棒棒糖呢，如果你不介意的话，我可以拿出来吃吗？”露露很调皮地说。

“当然可以。”

接下来，杰森的心终于定下来了，因为他的朋友告诉他，如果一个女人当着你的面舔嘴唇或者吃棒棒糖，那么她就是在向你示爱。

另外，杰森还注意到一点，露露在和他说话的时候，一边吃棒棒糖，一边用手摆弄自己的头发，这也是示爱的动作。

自打这次见面以后，杰森肯定了露露对自己的感觉，于是他趁热打铁，对露露紧追不舍，不到一个月的工夫，他与露露就成为男女朋友。

这是一个美好的结局。故事中，青年杰森不知道露露对自己的态度，于是，在朋友的指导下，他在与露露约会时注意到对方有几个示爱的动作，比如吃棒棒糖、拨弄头发等，从而确定了露露的想法。

的确，男女双方在不明确对方心意的情况下，都是“艰苦难熬”的，直接表明自己的心意又怕被拒，那么此时该怎么办呢？其实，你不妨使用心理博弈策略，通过采取一定的语言和动作技巧，去探明对方的真实想法。

在法国，有一个小伙子爱上了一位姑娘。

一天，他来到姑娘家，两人在火炉边烤火。他说道："你的火炉跟我妈妈的火炉一模一样。""是吗？"姑娘漫不经心地应道。她还以为这是小伙子随便说的一句话。"你觉得在我家的炉子上你也能烘出同样的碎肉馅饼吗？"他幽默地问。姑娘愣了一下，随即悟出了问话所含的意义。她欢悦地答道："我可以去试试呀！"

这个小伙子是浪漫的，一个普通的火炉、一个碎肉馅饼都能被他当成是求爱的工具，很明显，他成功了，这个女孩的回答"我可以去试试呀！"已表明他愿意接受男孩的爱。

那么，在现实生活中，面对自己心爱的人，我们该如何通过心理博弈策略来探知他们的真实想法呢？

1.故意否定法

故意否定法的意思就是，面对你心仪的男孩或女孩，你想知道对方是不是也喜欢你，那么，你可以故意试探："我给你介绍个男孩（女孩）认识吧。"如果对方也喜欢你，那么，他（她）必定会很坚决地告诉你："不用了。"这样的场景恐怕生活中很多恋爱男女都运用过。而相反，如果对方说："好啊。"那么，你就不得不承认，对方对你没有意思了。

2.以"身"试探

这里的"身"，指的就是人的身体，比如，在交谈中你可以故意稍微靠近对方，如果对方有意再移动身体——离你远点，那么，说明对方对你没有意思，而如果对方没有身体上的变化，就说明他（她）并不抗拒你。

3.从微动作试探

（1）女人篇

①舔嘴唇。研究发现，当女人对某个男性产生兴趣时，会不自觉地舔

嘴唇。这个动作的确会吸引男人的注意，甚至让他想入非非。当然在公共场合舔嘴唇可能不妥，所以一些女性会选择吃糖果来达到同样的效果。

②冲他点头微笑。谁也不能抗拒微笑的魅力，一般来说女性在面对自己心仪的异性时，都会冲对方微笑，如果男方会意，则会点头回应，那么一场浪漫的爱情可能就开始了。

③拨弄头发。在遇到心仪的男性时，女性会下意识地拨弄或者整理头发，这个动作在很多男性眼中是性感的举动。

④膝盖和脚尖朝向对方。如果男女双方不是并排坐在车上，如果女性对该男性有兴趣，就会同时用膝盖和脚尖朝向对方，这是在告诉他“我对你很感兴趣”。

（2）男人篇

①保持微笑。一切的好感都是从笑容开始的，这也是一个男人对异性表达好感最简单的方式。

②双手插兜。男性在面对你站立时，如果将双手置于胯部或者手插裤兜，那么这是他在为了吸引你的注意而表示出来的自信。

③眼神专注。如果他长时间地盯着你看，那么这是表达爱慕的重要标志，他一定认为你与众不同，你的一颦一笑可能都吸引了他。

④睁大眼睛。当一个男性在与你说话时，他还睁大眼睛，这说明你对她的每一句话都感兴趣。研究发现，当人们被某人所吸引时，瞳孔会自然地扩张变大，用以引起对方注意。

⑤眉毛抬高。当你们有所交流时，眉毛一直保持上抬，这是一个示爱的确切信号。

⑥轻微肢体触碰。在交谈时不经意地碰触她的胳膊或者腰部，这绝对是示爱的直接方式。注意不要太过分，适当的接触就好。

可见，妙用心理博弈，能帮助我们解决恋爱中难以开口的问题——探知对方心意，因为只有了解对方的真实想法，我们才能采取进一步的追求措施。

女人情感走私，有什么征兆

我们都知道，在婚姻中最大的杀手就是外遇，但男女双方，无论是谁出了轨，肯定都做得非常隐秘。尤其是女人，对于外遇会更加小心谨慎。你的妻子是否有外遇，从她口中是很难得出明确答案的。但是，凡事都有征兆，就像下雨前蚂蚁搬家一样，做丈夫的要留心看你妻子是不是表现反常，以判定她是否有外遇。我们先来看下面的故事：

小彩和丈夫小张大学时候就开始恋爱了，毕业以后，两人顺利步入了婚姻的殿堂，可以说，他们是周围同事、同学、朋友羡慕的模范夫妻。小张是个体贴的男人，在学校的时候，他就一直充当着大哥哥的角色照顾小彩，而且无微不至。而小彩则像一只温柔的小鸟，总是依偎在小张的身旁。

婚后，小张提出自己创业，并要努力为妻子换套大房子。于是，他们便把几年存下的积蓄拿出来，开了自己的公司。从此，小张起早贪黑地工作，常常应酬到半夜才回家，然后倒头就睡，偶尔早回家，也是埋头查资料、写方案。

小彩变得孤独了。刚开始，他总是在丈夫身边，希望丈夫和自己说说话，但丈夫太忙了，他期盼着成功，期盼着为妻子奉献高品质的生活。然而，小彩对丈夫并不理解。

久而久之，小彩开始出去结交一些朋友，后来她通过朋友介绍认识了一个健身教练，小伙子干净、阳光、贴心，小彩很快被他俘虏了。

有了新恋情后的小彩好像换了个人似的，每天都打扮得光鲜亮丽地出门，晚上很晚才回来，有时候还打电话告诉丈夫自己睡在好姐妹家了。而她再也不在小张身边唠叨了，小张是个大大咧咧的男人，对妻子的这些异常并没有在意。

一次，下班回家，小张在楼下等电梯，邻居王大姐说："张先生，你工作很忙吧？不过你还得多关心你太太啊！你知道，你太太那么漂亮，一

个人很容易被人惦记上的。”小张听得出来，这是话里有话。

晚上回家后，小张综合考虑了一下妻子最近的表现，作出判断她肯定是有外遇了，想一想，自己真是疏忽了……

我们并不知道这个故事的结局，但从这个故事中，我们可以看出，一个女人，如果有外遇了，她必定会露出一些破绽。

1.她突然很在意穿着打扮

如果你的妻子曾经是个家庭主妇，在家不修边幅，而现在经常穿着光鲜的衣服出门，还经常买一些性感的内衣或者是晚上回家后穿着新买的内衣，那么你就要警惕点了。

2.行踪可疑

以前，你的妻子按时上下班、接孩子、做饭，即使是周末，也是和你守在一起，但现在她经常早出晚归，你打她电话，也是经常打不通；她经常称自己要加班或者和某个姐妹出去玩，另外，你的某个朋友或者熟人告知你的妻子与某个异性出入宾馆、饭店、电影院等。

3.她突然对电话神秘兮兮的

以前，她最讨厌的是接家里的电话，突然从某一天起，她总是抢在你的前面去接听电话，并且交谈的声音比往常低，交谈几句就匆匆挂断。

4.往常的工作习惯、生活习惯突然改变

你的妻子工作时间突然无故延长；加班的次数变得频繁；对单位的一切活动，如舞会、联谊会、旅游等参加得比往常积极。

5.可疑的物品

你的妻子经常带回鲜花、礼物或纪念品；你帮她洗衣服时发现情人节卡或某酒店、舞厅的优惠卡；你与妻子很久没有过性生活了，但突然从她衣服口袋里或提包里发现了避孕套或避孕药。

6.人在曹营心在汉

在家里时，你的妻子总是坐卧不安、心神不宁，做梦的时候还会呼唤着另外一个异性的名字，曾经她对你照顾得体贴入微，而现在她好像看不见你似的。

7.同事、邻居、同学、朋友看你的眼神很特别

不得不承认，当局者迷，当你的妻子有外遇时，通常知道最晚的是你自己，你的同事、邻居、同学或朋友可能先于你知道。当他们亲眼看到或风闻你的妻子有外遇时，想告诉你又担心你承受不了，所以他们看你时的眼神总是显得与往常不一样。

8.对于你的坏习惯，她似乎一下子又能忍受了

如果你有赌博、酗酒等不良习惯，过去你的妻子一直唠叨着企图劝你改掉它，现在她却突然不再唠叨了。

以上所列，是女人情感走私的通常表现，但这并不是说，凡有上述表现者，一定都有外遇。不过，可以肯定地说，在八种表现中如果有四种以上同时出现，那么她情感走私的可能性就很大，值得你注意或引起警惕了。

总之，女人情感走私后，通常比男人更隐秘，更难察觉，因为他们的情感更细腻，为此，作为男人，在日常生活中最好还是对妻子多关心，以减少妻子出轨的可能性。

怎样看出一个男人是不是花心

有人说：“男怕入错行，女怕嫁错郎。”对于一个女人来说，如果你嫁的是一个花心的男人，那么你的婚姻生活肯定是不幸的。为此，任何一个女人，都有必要尽早看清楚你的爱人是否花心。

我们先来看一个女人的自白：

“我认识我老公的时候，他当时正失恋。随后，他开始追我，那阵子

我身体很不好，住在医院，他便天天去看我。但家人以及所有的朋友都反对我嫁他，其中一个朋友对我说，穷男人不能嫁，花心男人更不能嫁，如果又穷又花心，那就是火坑。他们告诉我他在我之前至少跟5个女人同居过。我没有介意，因为他并没有瞒我。结婚一个月后我怀孕了，到那时我才知道，他为了娶我，欠了很多债。我跟他商量，以后他的工资做日常开销，我的存起来，以备不时之需。他同意了。但因为我的工资比他高出很多，结果每个月发薪水那天，他都会发脾气。再后来女儿落地，他却在那个时候辞了职，说是要做生意。我把我全部的积蓄都给了他。

不幸的是，他根本不是做生意的料，钱全部赔掉了。孩子出生后三个月，我就开始上班了，因为家里实在没钱了。而就在那个时候，我发现他有了外遇。他对我坦白，说他过去的那个女朋友来找他了。我当时就哭了，但他向我保证，以后不会再做对不起我的事情。但不久，我就撞到他们在一起。那一次，他竟然当着她的面对我说离婚。那件事情对我打击很大，我病了很长时间。大概两个月后，他来找我，诅咒发誓甚至跪在我面前求我，我相信了他。但不料，我又发现了他和那个女人的暧昧短信。最近我发现自己又怀孕了，我说等我把孩了流掉之后，咱们分开吧，他说不要老说这些话，我跟她没有可能的，你永远是我的老婆，他说想要这个孩子，但是被他伤了这么多次之后，真的很难再去相信他，我到底应该怎么办？”

可能当我们听完这个故事之后，一定会说，这样的男人还有什么好留恋的？花心男人假如屡屡得手，必然是有恃无恐越发猖狂。所以，尽早识破花心男人，既可维护家庭安定，也可维护你的个人尊严。在这个问题上，女人决不能心慈手软、姑息养奸。

那么怎样才能尽早识别身边的男人是不是花心呢？

1.公共场合，看他对你的态度

有些男人在私底下对自己的女朋友很好，甚至会提出一些亲热的要求，而一到了公共场合，他就装出一副不认识你或者与你不熟悉的态度，也不愿意把你介绍给他的朋友，那么，他肯定有问题。要对此进行判断，你不妨主动要求其把你介绍给他的熟人，注意观察他的表情；你也可以主动靠近他，在他朋友面前做出亲昵的举动，要是他的朋友知道他和别的女人有染，他一定会因此狼狈不堪。

2.看看他是不是真的在忙

有些男人经常向自己的女朋友谎报自己正在加班、见客户，其实他们是为了与其他女人约会。对此，你不妨根据他说的，亲自去现场一查究竟，当然对于你的突然到访你要找个好点的借口，比如，顺路送点汤、在附近逛街等。如果结论是他说了谎，那你就需要重新认识这个男人了。需要指出的是，这一条务必慎重，仅凭这一点是没法最终定论的。

3.突然袭击——去他家，看他的反应

如果他是个专一的男人，那么当他知道你已经在他家楼下，他一定很高兴，然后亲自去楼下接你；而如果他是个花心的男人，那么他家肯定有什么不可告人的秘密，当你提出突然要上去看看时，他一定会找借口推脱。如果他惊慌失措地出言拒绝，那一定是心里有鬼，即使不是花心，也是难以信任的，和他交往还是小心为是。

4.要清楚他的收支状况

男人花心是需要代价的，至少他要在金钱上应付两个或者更多的女人。因此，你要多留个心眼，如果他莫名其妙花去了一大笔钱并没有告诉你，或者在他的口袋里发现了某些适合男女约会场所的收据，那么，你最好要搞清楚真相了。

5.看他的手机状态及接听方式

那些花心的男人通常在对待自己的手机上会有以下这些表现：回家后总是把手机小心翼翼地放在自己身边，而且无论是来电铃声还是短消息的提示音，他都会第一时间拿起独自查看，回复短消息也是悄然进行。

如果你想拿他手机打个电话，那么他肯定找个办法拒绝，实在无法拒绝

的时候，他会监视着你使用电话，即便如此，在你借用电话时仍会让他坐立不安和惶恐不安，一旦发现你有要查阅手机记录的迹象，立马会抢夺手机。

6.看他身上残留的香水味道

女人一般都有自己钟爱的香水品牌，所以如果有一天他身上残留着你认为陌生的香味，那他就很可能与别的女人有染了。这是一条很古老的鉴别方法，却很有效。

花心的男人为了掩饰自己的花心行为，通常会做出一些“奇怪”的做法，为此，只要你细心观察，就能找到蛛丝马迹。当然，如果他是个花心的男人，你最好趁早斩断情丝。

善用“杯子技巧”，试探彼此间的心理距离

生活中，可能很多恋爱中的男女都遇到过这样的困惑，随着交往的深入，你对对方的情况也有所了解，你有继续发展的愿望，但接下来，我们却不知道如何把握两人之间的距离感。最可怕的是，当你觉得两个人的感情已经趋于稳定，应该可以进行深入交往时，比如，正式成为男女朋友的时候，对方却完全和你想法不一样。很多时候，正因为这样，两个人闹得不欢而散。那么，你该如何探知对方和你的想法是不是一致呢？此时，你不妨使用杯子技巧来帮自己试探。

露西和杰森是一堆已经相恋十年的情侣，从大学开始，他们就一见钟情，然后一起读书、学习，一起毕业，最后一起来到上海这个大都市打拼，他们是令别人羡慕的一对。

转眼，他们恋爱已经十年了，这十年里，他们一直都在为自己的梦想奋斗着，但如今，露西已经快三十了，她等不起了。看着镜子里不再青春

靓丽的自己，露西有点儿担忧。她想结婚，有一个完全属于自己的家。但露西心理明白，杰森是个事业狂，他有着自己宏伟的目标——要在上海开一家属于自己的互联网公司。那么，他到底想不想结婚呢？于是，露西决定和杰森好好谈谈。

这天，下班后，露西把杰森约到了他们第一次约会的咖啡馆，刚开始的时候，他们面对面坐着，两个人谁都没有说话，沉默地喝着咖啡。露西想让杰森先说点什么，但杰森却一直在摆弄自己的手机。露西只好主动开口："亲爱的，你对未来有什么打算吗？"杰森沉思片刻，用坚定的目光看着露西说："我准备辞职，自己开创一家公司，你认为如何？我在现在的这家单位已经工作六年了，所以，我觉得我已经深入了解了这个行业的运作流程，我有信心，我觉得自己能干好！"露西微笑着对杰森说："当然，我相信你的能力，你总是那么优秀，几乎任何问题都难不倒你！"杰森接着说："露西，等我自己开公司，我一定要在上海最金贵的地段给你买一套大房子，然后咱们在里面安家、生一大群属于咱们俩的孩子！"说着，杰森开始笑起来，他真的很爱露西，这一点，露西心里也清楚。

接下来，露西准备试探一下杰森："可是，我不在乎是不是能有一栋大房子，我只希望我们两个能够在一起。再过两个月，我就整整三十周岁了，你知道，女人过了三十五岁生孩子是不好的。我想，现在正是我们结婚生子的好时候。"说着，露西做到杰森身边，依偎在杰森的肩膀上，顺手把自己的咖啡杯和杰森的杯子放在了一起，彼此紧贴着，就像他们俩一样。"现在？"杰森一边说一边舔了舔嘴唇，他拿起咖啡杯喝了一口咖啡，顺手把杯子放到了距离露西的杯子10公分左右的地方，继续说道："露西，我想给你更好的生活，我不希望咱们的孩子出生在一个与别人共用厨房和卫生间的家里。相信我，露西，只要我自己开公司，要不了两年，就能实现买大房子的梦想。到时候，咱们一买好了房子就结婚，保证你可以在35岁之前生宝宝。"露西叹了一口气，他知道杰森的脾气，他决

定的事情是无法改变的，既然他想自己开公司创业，就不会在这个关键时刻结婚的。接下来，她要做的就是，鼓励这个她深爱了十年的男人。

其实，作为外人，我们都看得出来，露西和杰森十分相爱，他们完全可以结婚。露西在提出结婚这一事宜的时候，杰森虽然没有明确拒绝，但他话里的含义，露西已经很明白了。那么露西为什么不坚持一下呢？原因很简单，就是因为咖啡杯。露西在依偎到杰森身边的时候，同时也把自己的咖啡杯和杰森的杯子紧紧地放在了一起，但是，杰森显然还没有准备好结婚，虽然他没有明说，但是他在放咖啡杯的时候，把自己的杯子放到了距离露西的杯子10公分左右的地方。这就说明，杰森心里是不想现在结婚的，所以他才会在不知不觉之中把自己的杯子放到了距离露西的杯子10公分之外的地方。

这就是“杯子技巧”在恋爱中的应用，利用“杯子技巧”，可以探知对方的真实想法。

具体的操作技巧是这样的：周末或者有时间的时候，你可以把对方约出来喝杯咖啡或者饮料，在闲聊的时候，你可以假装不经意地把自己的杯子移近对方的杯子。此时，你可以留意一下，如果对方并没有把杯子移向自己的话，那么，表示他已经接受你了。而反过来，则表明你们的关系还是保持现状比较好，先给对方一段时间。透过杯子间的距离，就可测知两人的距离。

当然，我们也不必非要利用杯子，还有很多东西。比如，你和他对面而坐，你可以假装不经意地将手越界伸到桌子上他的那一半区域，看他的手或身体是否回缩。如果并排而坐，你也可以假装不经意地将身子向他靠近或倾斜，同时观察他的反应。

总之，在恋爱过程中，如果我们能够灵活运用杯子技巧，就能测试出对方与自己的心理距离，从而更好地把握交往的节奏和进度。

保鲜爱情，就要给对方自由的空气

自古以来，“爱情”都是人们谈论的话题，由此成就了无数个凄婉哀怨让人断魂的爱情经典。那些美丽的爱情经典故事常常为我们津津乐道，但奇怪的是，我们很难发现有经典的婚姻故事。爱情总是那么轰轰烈烈，但却最终被由细节组成的琐碎的婚姻打败了，再伟大的爱情弹指间也会烟飞灰灭。于是，人们开始制造出这样一句流行语言——婚姻是爱情的坟墓。步入婚姻的殿堂原本是所有爱情最好的结局，但却也是所有浪漫、亲昵、海誓山盟的结尾。其实，这是因为人们没有很好地处理爱情和婚姻的关系。但即便如此，人们还是乐此不疲地追逐爱情，因为爱情总能给人带来很多希望。那么，如何让爱情常驻？很简单，为爱情保鲜。

而要为爱情保鲜，我们就要给爱自由的空气。在婚恋中，我们任何人都应懂得“空间”的重要性，对爱人保持若即若离，用一点空间来稳固对方的爱意，彼此间有一点距离的张力，便能营造出一种朦胧之美，它能将两人的爱心拴得更紧。

老王是某单位的员工，他有一位品貌俱佳的妻子，他妻子是个很优秀的女人，在单位，她是先进工作者，是骨干；在家，她将丈夫和孩子的生活安排得妥妥当当，从不让丈夫插手任何一件家务事，无论是买菜做饭，还是洗衣拖地，她全都包了。结婚十年来，她勤勤恳恳地对老王侍奉左右。

在单位，当大家一提到自己的妻子时，都对老王投来羡慕的眼光，但老王总觉得妻子和别人的妻子有天壤之别。结婚第十年，老王居然与他的贤妻离婚了，据说单位和亲朋好友调解多次，妻子也不解地问他“哪点对不住你”，但他坚持离她而去。很多同事曾直截了当地问他是否另有新欢，是不是喜新厌旧，他只是说：“过腻了，这样活着，吊不起胃口。”

在生活中，可能很多妻子都和故事中老王的妻子一样勤勤恳恳地为家

庭操劳，对丈夫无微不至地照顾，他们对老王夫妻俩的婚姻结局也会产生质疑：到底哪里出了问题？从老王的话中，我们大致能了解男人们内心的想法，他们需要的是一位妻子，而不是一位母亲。朝夕相伴，无私奉献，爱情之火也不一定就能持久地燃烧。

人与人在相处的最初，总会小心翼翼，熟捻开了便会大而化之，处久了难免会有磕磕碰碰。似乎有个说法叫：因不了解而在一起，因了解而分手。大抵是这么个意味。同样，在婚恋中，爱人之间也是如此，距离产生美。然而，生活中却有很多这样的妻子，她们在为子女扮演母亲这一角色的同时，也在无意中把男人当成了自己的孩子，她们希望二十四小时知晓男人的行踪，对于男人周遭的事情一件也不放过。事实上，她们没有意识到的是，男人也需要空间，不给对方自由的空气，只会让彼此窒息。

其实无论是丈夫还是妻子，每个人都需要自己的空间，都有自己的交际圈和朋友，刚开始你的责问在对方看来可能是关心，但多了就有间谍的嫌疑，难免会对彼此的感情产生影响。事实上，夫妻双方，是没有义务向对方报告自己的行踪的。可能你会说，我的那位就不生气，我问他就会老老实实地回答。但实际上，这未必是好事，他不生气是他让着你，或者不屑与你争吵，当有一天他真的累了的时候，他就不会再让着你。

那么，具体说来，在婚姻生活中，我们该从哪些方面着手呢？

1.允许爱人有自己的爱好，最好能附和、认同对方

一个妻子在与自己闺蜜谈心时聊到：“有一个休息天，丈夫在和电脑下围棋，我在拖地，拖到电脑桌那里，我让他挪挪脚，但他却显得很为难，嘴里嘟囔着：‘别动，别动，我马上就要赢了。’因为他下棋从没赢过，这次眼看就要赢了，我也不想扫他的兴，就二话没说，放下拖把凑过去看，还和他一起计算最后的一步一招。

经过一番激烈地厮杀后，他果真赢了。那一刻，他高兴地吻了我。接下来，从不干家务的他居然和我一起拖地、帮我换水，还在网上给我买了

件我一直舍不得买的裙子——我只在他感兴趣的事上附和了他一下，他竟然会这么喜出望外。那晚，看着熟睡在旁边的老公，我心想，如果下午我硬是让他挪位子而让他输了棋，或许就没有这样一个浪漫的夜晚了。”

案例中的这位妻子是聪明的，任何一个男人，都有自己的兴趣爱好，作为妻子，如果能放下手中的家务活，和丈夫一起聊聊它，那么丈夫一定认为你不仅是一个好妻子，还是一个知心人，对你就更疼爱有加了。

2.关心要适度

可能你认为，你经常给爱人打电话是关心，但你想过没？也许对方正在开会、正在思索一个方案，正在向领导汇报工作，那么你的关心是不是起了反作用呢？聪明的人懂得把握关心的频率，如果你的爱人要加班，那么夜深人静时，你可以为他（她）端上一杯热茶，但不要发出声音。

3.小别胜新婚

不要总是二十四小时和你的爱人黏在一起。小别胜新婚，你不妨趁出差的机会给爱人一个想念你的机会；不妨偶尔和爱人分床而睡，这都会增加你的神秘感。

婚姻是什么？你可曾反省过，在几年乃至几十年的婚姻中，你用心呵护过、为其保鲜过吗？而人的精神世界是一块富丽的园地，需要相对的独立。每个人都需要一些空间，不只是物理的空间，还有心灵的空间。没有这个空间，爱情就不能自由成长。

第14章

亲子沟通，家庭教育中的心理博弈

每个家长都望子成龙，望女成凤。然而，我们发现不少家长在教育孩子的问题上，显得过于焦躁，孩子一旦出了问题，就乱了方寸，甚至以为大声呵斥就能让孩子听话。这些父母是否想过：你们要求孩子听话和了解你们的意思，但你们有没有了解过孩子的想法？亲子间需要沟通，要求父母主动将自己的内心世界向孩子表达，同时多倾听孩子的心声。互相倾听，才能了解孩子心中的所思所想，而后“对症下药”给予适当的引导，使孩子健康成长。

教育要有耐心和智慧，孩子才能健康成长

我们都知道，家庭对孩子一生的成长是至关重要的，家庭是孩子人生的第一所学校，家长是孩子最重要的启蒙老师。父母与孩子朝夕相处，接触的时间和机会最多，父母的言行无时无刻不在影响着孩子，父母的教诲引导孩子从小走到大，对孩子今后的成功有着重大及深远的意义。家庭教育作为孩子通向社会的第一座桥梁，对孩子的个性、品质和健康成长起着极其重要的作用。因此，作为家长，在教育孩子的过程中，切记不可急躁，对孩子有耐心是教育的智慧。有这样一个小故事：

一个小孩在草地上发现了一个蛹，他把蛹带回家，想看看蛹怎样化为蝴蝶。过了几天，蛹上出现了一道小裂缝，里面的蝴蝶挣扎了好几个小时，身体似乎被什么东西卡住了，一直出不来。小孩于心不忍，就想助它一臂之力。于是，他拿起剪刀把蛹剪开，帮助蝴蝶脱蛹而出。可是，这只蝴蝶的身躯臃肿，翅膀干瘪，根本飞不起来，不久就死去了。

其实蝴蝶在蛹中的挣扎是它适应自然界的一个必经过程，没有这段痛苦的经历，它就无法强大。由这个故事联想我们对孩子的教育，我们应该认识到教育不是一两天的事情，教育工作中遇到的问题也不是一两次就能解决的。揠苗助长有害，欲速则不达这是每个家长都应该明白的道理，对孩子要有耐心，我们要学会等待，要从一点一滴做起。

当然，在教育的过程中，除了要有耐心外，还必须要运用我们的智慧。

林先生是一名物理教师，他在教育孩子这方面很有自己的心得，他曾这样陈述自己的一次教子经历：

我的儿子上小学时，一次因为体育活动课玩疯了，回家时候忘了带语文书，他偷偷和妈妈说，不要告诉爸爸。吃晚饭的时候，他妈妈忍不住告诉我了，我就叫他不要吃饭了，把书找回来再吃饭，他哭着叫妈妈和他去找书，在学校找保安拿到书。回来后表情舒展了。我和他说，一个学生丢了书，就象战士丢了枪一样。他马上就回我，“战士丢了枪，鬼子来可以躲起来啊！”我严厉地说：“是的，战士丢了枪可以躲起来，那么老百姓谁保护啊？”他无言了，我又说，“一个人不能忘记自己的责任啊！”前几天孩子他妈妈去青岛开会，我和孩子两个人在家里，我发现他每天夜都要检查煤气、检查家门。一天我因为去学校早了点，忘记拿牛奶了，回去以后发现孩子已经拿回家了，而且放到冰箱里。孩子长大了。

林先生对孩子进行的责任教育，并不是陈述大道理，而是从生活中孩子丢了书本这一事件入手，让孩子明白书本对于学生的重要性，从而让孩子从这一小事件中明白做人必须要有责任，后来孩子检查煤气、家门、拿牛奶等事，证明了林先生的教育起作用了。

的确，真正会教育孩子的家长往往都能遵循孩子成长的特点，凡事耐心引导，而不是不问青红皂白，向孩子发脾气。为此，我们在教育孩子的过程中，需要做到以下几点。

1.倾听时，不打断，不急于做出评价

即使孩子的看法与大人不同，也要允许孩子有自己的想法。父母应考虑孩子的理解能力，举出适当的事例来支持自己的观点，并详细地分析双方的意见。若父母不压制孩子的思想，尊重孩子的感觉，孩子自然会敬重父母。

2.理解孩子的情绪

有时孩子也不清楚自己的情感反应，倘若大人能够表示出理解和接纳，他会有进一步的认识。譬如，当孩子知道奶奶买了玩具送给小表妹作生日礼物的时候，他吵着也要，此时大人应解释道：“你感到不公平，但要知道这是给妹妹的生日礼物，你生日时奶奶也会给你礼物的。”通过这番解释，能帮助孩子了解自己，了解社会，从而变得通情达理。

3.分享孩子的感受

无论孩子是向你报喜还是诉苦，你最好暂停手边的工作，静心倾听。若边工作边听，也要及时作出反应，表达自己的想法或感受，倘若只是敷衍了事，孩子得不到积极的回应，日后也就懒得再与大人交流和分享感受了。

4.让孩子自己思考

孩子在学习的过程中，必然会遇到一些问题，如果我们处处为孩子指导，那么他就会形成依赖性，往往不会主动去思考而等待你的帮助，因此要想让孩子养成动脑的习惯，遇到问题时我们不妨示弱，让孩子自己去分析，在此基础上再教给孩子分析问题的方法、考虑问题的思路。经过长期的训练，孩子遇到问题后自然就知道该如何思考了。

5.领会孩子的话意

婴幼儿在不开心、不满意时，就会直接用啼哭来表示。逐渐长大后，孩子也知道哭不能解决所有的问题，因此当他不快或疑虑时，往往将自己的感觉隐藏起来。再说孩子的语言能力尚未发展完善，不能以恰当的语句表达心中的想法。比如，当孩子生病时他会对你说：“妈妈，我最恨医生。”此时你应顺着他问：“他做了什么事让你恨他？”孩子若说类似于这样的话：“他总是要给人打针，要人吃苦药水。”你可以表示理解地回答他：“因为要打针吃药，你觉得很不好受，对吗？”这样，孩子的紧张心理会得以缓解，也会接受你接下来的引导。

与孩子建立友谊，与其一同成长

时代在发展，社会在进步。现代家庭中的教育，已经不像从前那么简单了，作为家长，若想获得家庭教育的成功，首要的是更新家庭教育思想和观念。我们必须抛弃“天下无不是的父母”这种陈腐的观念，既把子女当作子女，也把他们当作朋友，当作一个与家长有平等关系的公民。

要和孩子做朋友，就必须与时俱进，了解你的孩子在想什么，只有了解孩子，你们之间才有共同语言。只有努力和孩子建立共同的爱好，了解孩子，懂孩子，孩子才能有和你交流的兴趣和欲望。如果问到“你了解你的孩子吗？”可能有的家长会说“我的孩子，我能不了解吗？”曾经有人做过一次调查，设计了一些问题。

你的孩子最喜欢做什么？他最崇拜谁？曾经哪件事最打击他？

父母与孩子都写下这些问题的答案，然后彼此对照一下，结果发现，没有一位父母能回答对一半以上的问题。

的确，很多父母都能记得孩子每次的考试成绩，记得孩子喜欢吃的食物，但就是弄不清孩子崇拜的偶像是叫迈克尔·乔丹还是迈克尔·杰克逊，他到底是打篮球的还是踢足球的？

最近，林女士和她上初中的儿子关系闹得挺僵，她只好请自己的一个做老师的姐妹刘老师调解。

这天，刘老师来到她家，单独会见她的儿子。这个大男孩上小学时参加过刘老师组织的夏令营，对刘老师很热情，也很乐意和她聊。

“我妈对别人客客气气，对我却总是大发脾气。每天我妈下班一回来，我打开门，只要见她脸拉得老长，我便立刻跑回自己的房间，把门关紧，省得挨骂。”说着儿子举出几件实例。

“你妈也不容易，她在单位是领导，操心的事不少，她回家又要做饭，照顾你，够累的，爱发脾气可能是到了更年期……”

“更年期？”没等刘老师讲完，男孩就迫不及待地接过话头，“自打我上学，我妈脾气就这么坏，更年期怎么这么长？您给我来个倒计时，更年期哪天结束？我也好有个盼头！”

刘老师忍不住笑起来。她很同情这个男孩，事后她对林女士说，我们不能怪孩子不理解我们，我们也该改变改变自己了，尽管改变自己不容易。平时，我们很在乎孩子的物质要求，注重对孩子生活上的照顾，却忽视了孩子内心情感世界，特别是忽略了自己在孩子心目中的形象定位。

林女士听到儿子对她的看法，说了句：“如今当父母真难，我们小时候哪有那么多事？”可她还是答应，要改变自己对孩子的态度。

的确，从这个案例中我们发现，要做好父母、教育好孩子真是不容易。

时代在变化，今天与昨天不同，明天与今天也不同。作为父母，我们都能感受到现代技术、新信息给我们生活带来的变化，更何况是人生刚刚开始的孩子？而很明显，那些旧的环境下的教育模式，已经明显不适应新时代的孩子们了。

因此，作为父母，我们不妨学会在孩子面前“化化妆”——用新知识、新技能包装自己，“演演戏”——每天花上几十分钟，学点新知识，设计一些“脚本”，用自己的行为影响孩子，用新鲜的话题引导孩子。

具体说来，你需要这样做。

1.转变观念，教育方法不能一成不变

很多家长认为，只要给孩子足够的物质满足，才是给孩子一个更好的生活，其实家长恰恰忽略了孩子最需要的东西。孩子们最需要的不是玩具和零食，而是亲密感情的表现形式，比如你了解他的思想，理解他、认同他，给他一个鼓励的拥抱等。若你的孩子已经进入青春期，已经有了自己的爱好、思想等，对此，你应予以正确的引导和鼓励，不能以一成不变、简单粗暴干涉的方式来约束孩子，应该突破传统教育的固定模式，因为家

庭教育也需要与时俱进。父母应该在平时多留意社会的发展和孩子的想法，注意与孩子沟通，在了解孩子的想法后也多向老师求教，双方配合、合理引导，共同促进孩子的健康成长。

2.和孩子一起探讨一些“潮”的话题

要和孩子做朋友，就必须与时俱进，了解你的孩子在想什么，了解孩子才有共同语言。如果问到“你了解你的孩子吗？”可能有的家长会说“我的孩子，我能不了解吗？”曾经有人做过一次调查，设计了一些问题。

你的孩子最喜欢做什么？他最崇拜谁？曾经那件事最打击他？

父母与孩子都写下这些问题的答案，然后彼此对照一下，结果发现，没有一位父母能回答对一半以上的问题。

的确，我们很多父母，他能记得孩子每次的考试成绩，记得孩子喜欢吃的食物，但就是弄不清孩子崇拜的偶像是叫迈克尔·乔丹还是迈克尔·杰克逊，他到底是打蓝球的还是踢足球的？ 努力和孩子建立共同的爱好，了解孩子，懂孩子，孩子才能有和你交流的兴趣和欲望。

3.让孩子自由安排与父母独处的时间

很多父母感叹：“虽然放暑假成天在家，儿子跟我之间每天的交流时间竟不到半个小时。”“女儿每天除了上辅导班就是自己上网跟同学聊天、打电话，根本不理睬父母，说多了还嫌烦！”

其实，既然你的孩子觉得你土，那么你不妨请教他：“这个周末由你来安排，不过前提是，你要带上爸妈……”如果你的孩子答应了，表明他已经允许你进入他的世界。

的确，孩子们天天在用现代化的眼光审视父母，逼迫我们去学习新东西，督促我们朝现代化靠近。呆板的、单一的家教已经行不通了，父母要在人格魅力、学识素养等方面得到孩子的敬佩与爱戴。因此，我们不妨改变一下自己，以适应孩子的需求。

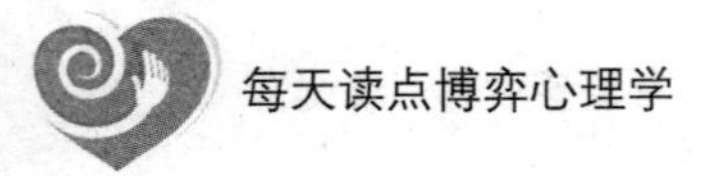

给孩子话语权，让孩子敢于表达

我们不能否认，所有的父母都爱孩子，但不是所有的父母都能走进孩子的心灵，自然也就没有愉快的沟通，很多亲子间的矛盾就是这样产生的。之所以造成这样的结果，主要是因为很多父母没有认识到，孩子是一个独立的生命体，而不是你生命的延续。很多家长，浅意识中把孩子看成自己的附属品，甚至是替代品，也就在无意识中剥夺了孩子的话语权。

如果家长漠视孩子的感受，不给他们发言权，那么时间一长，孩子就会自动放弃争取自己的权利。这些孩子会变得听话，但同时也会变得懦弱。而那些尊重孩子的父母，在孩子很小的时候，他们就懂得蹲下来和孩子说话，注视着孩子的眼睛，认真聆听他们的意愿，与孩子商量办法，共同决定孩子的生活。这样的孩子，从小就有一种存在感，因为他们得到父母的重视，同时他们在人际交往中就有自信。因此，话语权就算是对不懂事的孩子，也是非常重要的。

冉冉是个很可爱的女孩，使父母惊异的是，这么小的孩子居然总是有自己的想法。冉冉说："我已经4岁了，不再需要别人告诉我该做什么、该怎么做，我想自己做主，掌握一切事情。""妈妈要我上床睡觉时，可我不想睡，有一个好办法可以拖延时间，比如不断提出问题，妈妈没回答完，我就不必睡觉。"冉冉希望自己控制睡觉前的活动，于是会选择性地要求妈妈讲故事、唱儿歌给她听、陪她在被窝里窝一会儿，或者再回答她一个问题等。

当妈妈满足其种种要求后，准备离开她的房间时，冉冉又会再提出"最后一个"问题。而这个"最后"的问题常常不只一个。于是，请自己可爱的女儿上床睡觉变成整个家中相当冗长的仪式。

冉冉的这种表现就是这个年龄段孩子要求自主的外在反映，是孩子要

求父母接受自己意见的方式，随着年龄的增长，孩子能从环境中慢慢地体会到“权力”的存在，也相信自己有运用“手段”的能力，如利用提问题的方式规避睡觉。在这时候，他感觉自己的权力受到了肯定，甚至感觉父母对自己的重视和无奈，但他很开心。其实父母对孩子的这种“自主”的要求，应该感到开心才对。毕竟，要培养出一个有判断力、有责任感的孩子，前提是父母必须懂得权力的授予。所以说，孩子希望自己决定上床的时间，父母可在接受的范围之内，给予孩子一定的权利，这样才是双赢的做法。

因此，作为父母，如果希望你的孩子向你敞开心扉，那么你就必须给孩子话语权，但给孩子话语权，并不是命令孩子：“告诉我！”而是应该把孩子放在与自己平等的位置，以朋友的身份鼓励孩子说，让孩子表达内心的真实想法与感受，在这个基础上父母才有可能有的放矢地对孩子进行教育。

除此之外，给予孩子话语权，还需要父母做到以下几点。

1.用心倾听是最好的交流

很多时候，作为父母，我们可能都忽视了孩子的真正需要，他们需要的不是教训，而是父母的理解和倾听。而事实上，很多父母却常常不问事情的青红皂白，就对孩子进行一顿语言的狂轰滥炸，“什么？你在学校又犯事了？”孩子解释说，是老师冤枉了他，结果你根本不理会孩子的解释，接着训斥：“没犯错误老师能冤枉你吗？那么多学生为什么要冤枉你一个啊？还敢撒谎！”孩子听到你的话之后，原本还想解释什么，但他不说话了。其实，你知道吗？孩子这时候最需要的是你的一个拥抱，一个肯定的眼神。但你的否定却让孩子退缩了，他原本希望你是他的避风港，却发现自己又遭到一番教育，甚至成为父母的撒气筒，如此这般，孩子还愿意和你沟通吗？所以，给孩子倾诉的机会，让孩子宣泄心中的郁闷，这对孩子的心理健康是非常重要的。

2.适时回应，适当引导

我们说，倾听很重要，并不是不要家长说话，交流需要双方有来有往，那么在很好的倾听后，我们怎样给孩子回应呢？

更多的时候，我们要用适当的语言同情孩子的情绪，也就是认同孩子的情感。比如说；“看起来你很生气。”“你有点控制不住自己了是吗？”“听起来你很失望，真是不走运。”“哦”“嗯”“我明白了。”或者说：“真有意思，要是我当时在场就好了，后来呢？”以启发孩子说下去。

有些时候，我们听孩子说完之后就完了，但有的时候为了解决问题，也可以给孩子一些建议。

不过，给建议也是要讲方式的，尽力少用自己的嘴巴给孩子建议，最好是让孩子自己分析找出办法。家长说的多了，孩子未必能听得进去，经过自己思考得出的结论，才会真正成为他自己的经验。

3.学会满足孩子合理的心理需要

每个父母都希望自己的孩子诚实守信，不喜欢撒谎的孩子。但是，许多孩子却表现得不如人意。究其原因，大多是由于后天的某种需要引起的，比如为了满足吃的、玩的需要甚至是为了逃避受批评、受惩罚，这些都助长了孩子撒谎的恶习。这样的孩子只会危害社会。

所以，父母可以从孩子发表的意见中分析孩子的需要，尽量满足其合理的部分。而满足孩子的时候应该用孩子的眼光来看待事物。要分析孩子的需要，认真倾听孩子的心里话，而不要以成人的想法推测孩子的心理。当孩子向父母讲述了他的需要后，父母应该跟孩子一起分析，让孩子明白哪些是合理的、正确的，然后及时满足孩子合理的需要；对于不合理的需要，则要对孩子讲明道理。千万不要觉得孩子还小，或者觉得事情无关紧要就放纵他们。长此以往，孩子就会不断地强化不良行为，形成不良的品格，最终影响他的人生。

总之，孩子要求发表意见、要求自主的意识是随着年龄的增长越来越强烈的，父母要给予孩子的是尊重，给予他发表意见的机会，而不能压制。

赏识教育，孩子需要你的鼓励

德国人力资源开发专家斯普林格在其所著的《激励的神话》一书中写道："人生中重要的事情不是感到惬意，而是感到充沛的活力。"对于任何一个成长期的孩子来说，他们都需要激励，尤其是来自父母的肯定，会让他们获得自信。如果父母总是否定他们，他的心就可能被自卑掩埋，那么这样的孩子是很难成才的。

就像有人说，孩子是父母的作品。所以，任何家长都希望自己的作品足够优秀。为了让孩子长大以后谦虚为人，并取得更大的成功，我们在孩子很小的时候就应给其灌输这一观点，并在教育中一味地指出孩子的缺点，去强化它，孩子会真的认为自己有那样的问题，孩子的心灵倾斜了。所以，为人父母要学会中肯地指出孩子身上的缺点，多表扬孩子身上的优点。家伙们，不要吝啬你的表扬。

小雨是个可爱的姑娘，但成绩却极差，是班级中的后进生，这令她的父母很是头疼。她的妈妈对老师说："孩子自上学以来，被老师留下是常有的事。为了她的学习，我放弃了工作，每天检查作业，辅导她，可还是很差，我早就对她没信心了。我很失败，我教一个孩子都没教好。您教这么多学生，对小雨这么关注，我们很感谢您。"

孩子是一个家庭的未来，老师望着小雨妈妈一脸的无奈，恻隐之心油然而生，说道："小雨其实一点也不笨，只是对学习没有产生兴趣，自觉性差些。我们的教育方法不适合她，我想只要家长和我们都能肯定她，鼓励她，她会进步的。"小雨妈妈仿佛一下子看到了希望。

后来，妈妈开始对女儿实行赏识教育，孩子回家后，她即使再忙，也陪孩子一起做作业，并鼓励她："乖女儿，你的字好像越写越好了，后面的如果也像这样该有多好，妈妈相信你以后能从始至终都写好的。"孩子露出了惭愧又充满信心的表情。

除此之外，小雨的妈妈在孩子遇到问题时，也会将心比心地说："你会做这道数学题已经很不错了，妈妈那时候做数学检测，一百题能答对三十题呢。”

后来，当妈妈再次去学校开家长会时，老师对她说“小雨现在学习很努力，上课经常主动发言呢，课堂上总能够看到她高举的小手了，而且令人耳目一新的发言，让同学们对她刮目相看了，课间她不在独处了，座位边也围上了同学。”听到老师这么说，妈妈很是欣慰。

从这则教育故事中，我们发现家长一定要好好运用“赏识”这个法宝，不要认为孩子做好了、学好了是应该的而疏于表扬，因为渴望被人赏识是人的天性。

心理学家曾经做过一个关于“孩子最怕什么”的调查，结果表明：孩子最怕的不是生活上的苦、学习上的累，而是人格受挫、面子丢光。美国心理学家威谱·詹姆斯有句名言：“人性最深刻的原则就是希望别人对自己加以赏识。”孩子是处于生理、心理变化关键时期的特殊群体，他们尚未形成独立的自我意识，非常在乎他人对自己的看法。因此，对孩子进行“赏识教育”，尊重孩子，相信孩子，鼓励孩子，不仅可以及时发现他们身上的优点和长处，挖掘隐藏在其身上巨大的、不可估量的潜力，而且能够缩短家长和孩子的距离，从而促进孩子健康成长。

很多家长说，我该怎么夸孩子呢，总不能一天到晚说“好啊，乖啊”。这里就谈到了赏识教育的中心话题，鼓励孩子，让孩子在“我是好孩子”的心态中觉醒，同时一定要注意表达的方式和内容。具体来说，你的赏识必须满足两个要求。

1.真实的

对于孩子的赏识一定要是发自内心的，而不是虚伪的。你可以不直接表达你的赞赏，比如，你可以说：“红红，你这件裙子哪里买的呀，我也想给我家安安买一件呢，却一直没见到，回头你能不能带我去？”你这样说，她也会觉得自己的衣服很好看，觉得自己的眼光得到了别人的肯定，

你没有直接夸奖，但效果达到了。不要认为孩子是可以随便哄哄的，假惺惺的夸奖也会被他们识破。

2.表扬不要附带条件

有些家长虽然也认识到了赏识教育的重要性，但却担心孩子会骄傲，于是他们常常会在表扬后还加上一条附带条件，比如说："你做这件事很对，但是……"这类家长认为这样会让孩子更有心理承受能力接受教训，其实孩子最害怕这类表扬，他们会以为你的表扬是假惺惺的。因此，你千万不要低估孩子的智力，他们是能听出你的话中话的。

对于孩子的表扬最好是具体的，比如："真乖，今天你开始自己学会叠被子了。""我听李阿姨说你今天主动跟他打招呼了，真是个懂礼貌的孩子。"……

批评有度，不能伤及孩子的自尊心

为人父母，除了给孩子生命，还需要教育他们，而孩子犯错了，批评管教少不得，而孩子的心灵是脆弱的，我们在批评教育孩子时，必须要讲方法，千万不能伤害孩子的自尊。如果孩子一旦犯错，就采取谩骂、呵斥的方式，那么，不但不能让孩子接受并改正错误，还会给家庭生活带来很多困扰。

有位家长在谈到教育女儿的心得时说：

"有一天晚上，我和女儿在玩学习机，她突然仰起小脸凑到我的脸前说：'妈妈我给你说件事，你以后就只在我面前说我不听话，别在人家面前说我不听话。'说完她就亲了亲我的脸，不好意思地对着我笑。看着女儿，我的心里突然好酸，心情也久久无法平静，她才只有三岁半啊。三岁半的孩子希望妈妈只在她的面前说她、批评她，而不要在别人面前说她不听话，孩子的心是多么的敏感脆弱。我心疼地抱起女儿，向她保证以后不在人家面前说她不听话了。”

的确，孩子都是渴望得到表扬的，尤其是一些生性敏感的孩子，她们也有自尊心。作为家长，应该时刻注意保护好孩子的自尊心，不要在众人面前说他们的缺点和过错，不要在众人面前批评他们。因为孩子的每一个行为都是有原因的。也许这些原因在成人看来是微不足道的，但在孩子的眼里那是很严重的事情，不了解原因当众批评他，非但不能解决问题反而会使孩子产生逆反抵触情绪，导致对孩子的教育很难继续下去。

心理专家告诉我们，在批评和尊重之间，了解孩子的承受能力，并选择适合的批评方式，会帮助父母找到平衡，但父母必须掌握以下几个在批评孩子时说话的原则。

1.注意时间和场合

批评孩子尽量不要在清晨、吃饭时、睡觉前。在清晨批评孩子，可能会破坏孩子一天的好心情；吃饭时批评孩子，会影响孩子的食欲，长此以往会对孩子的身体健康不利；睡觉前批评孩子，会影响孩子的睡眠，不利于孩子的身体发育。

2.批评孩子之前要让自己冷静下来

孩子犯了错，特别是犯了比较大的错或者屡错屡犯时，做家长的难免心烦意乱，情绪波动会比较大，很可能会在一时冲动之下对孩子说出不该说的话，或者做出不该做的举动，这都可能会对自己和孩子产生极为不良的影响。

3.先进行自我批评

父母是孩子的第一任老师，孩子所犯错误，父母或多或少都会有一定的责任。在批评孩子之前，如果父母能先来一番自我批评，如：“这事也不全怪你，妈妈也有责任”；“只怪爸爸平时工作太忙，对你不够关心”等，会让家长和孩子的心理距离一下子拉得很近，让孩子更乐意接受父母的批评，还可以培养孩子勇于承担责任、勇于自我批评的良好品质。这样可以一举多得，父母又何乐而不为呢？

4.一事归一事

在批评孩子的时候，我们只要明白自己的批评，是为了他知道，做什么样的事会带来什么样的后果，而不是为了伤害他或给他打上“坏孩子”的标签，这就不会给孩子造成心理阴影。

5.给孩子申诉的机会

导致孩子犯错的原因是多种多样的，有孩子主观方面的失误，但也有可能是不以孩子的意志为转移的客观原因造成的。从主观方面来说，有可能是有意为之，也有可能是无心所致；有可能是态度问题，也可能是能力不足等。

所以，当孩子犯错后，不要剥夺孩子说话的权利，要给孩子一个申诉的机会，让孩子把自己想说的话和盘托出，这样家长会对孩子所犯的错误有一个更全面、更清楚的认识，对孩子的批评会更有针对性，让孩子能心悦诚服地接受自己的批评。

6.父母在批评孩子方面要形成“统一战线”

中国有句古话叫“严父慈母”，很多家庭至今还沿袭着这一传统，父亲和母亲在教育孩子方面，一个唱红脸，一个唱白脸，其实这对孩子的成长是不利的。因为如果这样，当孩子犯错后，他们所想的不是如何去认识和改正错误，而是积极去寻求一种庇护，寻求精神的“避难所”，他们甚至可能因此变得肆无忌惮，为所欲为。所以，当孩子犯错后，父母一定要旗帜鲜明，保持高度一致，形成“统一战线”，共同努力让孩子能正视自己所犯的错误并努力去改正自己的错误。

7.批评孩子之后要给孩子心理上一定的安慰

孩子犯错后，情绪往往会比较低落。父母在批评孩子后，应及时给孩子一些心理上的安慰，从语言上来安慰孩子，比如说些“没关系，知道错了改正就行”“我知道你是个聪明的孩子，自己会知道怎么做”“爸爸妈妈也有犯错的时候，重新再来”之类的话。

当然，在生活中还存在一些现象，家长保护孩子自尊的意识太强，把

“对孩子的尊重”和“管教孩子”这两件事给简单对立起来了，好像保护孩子的尊严，就要放弃最基本的管教和批评。其实，如果我们了解孩子在不同的年龄段对批评的接受方式，就完全可以根据他的承受能力，进行适当地批评。绝不能因为担心伤害，就不批评、不管教。

放下架子，在亲子之间建立起沟通的桥梁

在中国几千年的家庭模式中，家长似乎都是高高在上的，似乎永远都是正确的，是无所不知的，而孩子则是无知的、幼稚的，所以父母都认为孩子必须听父母的话，只有在孩子心中树立威严，才能让孩子接受自己的教育方式。而实际上，今天的孩子们越来越要求和家长平等对话。所以，如果亲子之间缺乏沟通，就会产生很多教育的问题。

现代家庭，代际沟通似乎越来越困难，很多父母感叹：“现在的孩子真是很不像话，小学时候还好，尤其是大点之后，自己的主意一下子多了起来，好好地同他讲道理，他却不以为然，道理比你还多，有时还把我们父母的话看成是没有意义的唠叨，总之一个字——烦！他嫌我们烦，我们因他的烦而烦，一天话也说不上几句了。”

问题在哪里？是孩子的问题，还是父母的问题，或是沟通方法的问题？也许孩子不是一点问题没有，但更多的问题可能出在父母身上。作为父母，你反思过没有，是否曾愿意与孩子倾心长谈一次呢？在孩子小的时候，你一般会用故事、音乐、聊天来哄孩子入睡，等他长大了，你是否还愿意抽出时间与孩子交流呢？如果在孩子入睡前我们能一起坐下来清理一天的“垃圾”，不让忧愁过夜，这是不是一种积极的生活态度呢？有一位教育家说过：“父母教育孩子的最基本的形式，就是与孩子谈话。我深信世界上好的教育，是在和父母的谈话中不知不觉地获得的。”

陈先生几年前和妻子离婚后，独自带着孩子。一次，他在自己的一篇日记中写到和儿子沟通的过程：

今天我又和儿子谈了很多，自从儿子进入青春期后，我深感到和孩子沟通的困难，他似乎总是对我存在偏见。但经过这些天的沟通，他似乎理解我了，我也更深刻地明白了，和孩子沟通真的需要寻找最好的时机。以前，我去和儿子聊天，儿子总是一副不耐烦的样子，我还感叹和他的沟通怎么这么难。这会儿我才明白，原来是我选的时机不对。就像这一次，一开始，我是在客厅和他谈的，他正在看电视，就不可能太注意我的谈话，能搭几句就不错了。等到我们一起包饺子的时候，很安静，也没有别的事打扰，儿子就和我聊了很多，这是以前无法相比的。

而儿子的有些事也是我从来不知道的，包括以前老师对他做的一些事。还有，他告诉我，他要是考不上很好的大学，就出去干点什么，这是他从来没告诉我的，也是他对自己的将来做的打算。我就非常认真地告诉他，我会完全支持他做的决定，不过，现代社会，只有知识才是永恒的竞争力，书是要读的，他好像听懂了，连连点头。

和儿子聊了很多很多，我对儿子有了更深的了解。我也更有信心，儿子是非常优秀的，在许多事上虽然想的不全面，却有自己的见解。我知道，只要我坚持和孩子沟通，我和儿子之间的关系会越来越好，孩子的身心也会健康成长。

如何做有效的沟通，是我们需要学习与探讨的。为此，家长需要做到以下几点。

1.找对谈话的时机

选择好的时机进行谈话是非常重要的，否则谈话达不到预期的目的。一般情况下，解决问题，最好越快越好，如果事情拖延下去，问题就会沉淀。

另外，从时间上来说，如果你需要和孩子交流一个严肃的话题，不要选择孩子放学回家刚放下书包的那段时间，因为一天下来的疲劳使人难以集中注意力，也不好控制自己的情绪。生理规律告诉我们，下午5—7点是生理活动最低点，迫切需要补充营养，恢复体力。而晚饭过后，心情逐渐开朗，这是与儿女分享家庭幸福，进行沟通的比较好的时间。

从心理需求上来说，在孩子心理上最需要帮助和鼓励的时候是恰当的时机，如果在此时和他沟通效果会好得多。

2.选择一个合适的沟通场所

有些父母认为，和孩子说话，当然是选择家里了，其实也不一定，如果家中无外人则可，但如若有外人在场，则应考虑孩子的自尊心和感受。

那么，什么场合适于和孩子谈话呢？当然，这也视具体情况而定，如果你是要鼓励和赞扬孩子，可以选择人多的场合，让大家都看到孩子的成绩，如果你的孩子容易骄傲的话，则应排除在外；如果涉及隐私问题，如指出孩子的失误、缺点或者批评孩子的话，则应该在私下里，选择没有别人在的场所。因为在无第三者的环境中更容易减少或打消其惶恐心理或戒备心理，从而有利于谈话的进行。而且还可以避免当众伤害孩子的自尊心，利于孩子说出心里话，加强你和孩子之间的沟通。

另外，如果你需要和孩子静心交流、和孩子谈心的话，则应该选择一个平和安静、风景美丽的地方，因为这样的地方，可以让彼此心平气和，情绪稳定，心情舒畅，易于接受对方的意见。比如利用周末或假期，带孩子到公园或风景游览区，一边游玩，一边说说悄悄话，这样的沟通和交流一定会起到很好的效果。

3.每次只谈一个话题

有些父母认为，和孩子说话，机会难得，一定要多沟通。孩子虽然已经有了自我意识，但他们毕竟还是孩子，在同一时间内未必能接受父母的很多观点。另外，与孩子谈得太多，也容易引起他们的反感。

总之，父母和孩子沟通，一定要选择恰当的谈话时机和环境，这有助于给沟通创造一个良好的谈话氛围，心平气和地解决教育问题。同时，父母还应记住，即使再忙，每天都该抽出一点时间来和子女进行沟通。

参考文献

[1]陈玮，博弈心理学[M].北京：中央编译出版社，2015.

[2]张利，生活中的博弈心理学[M].厦门：鹭江出版社，2014.

[3]日本木瓜制造，石头剪刀布博弈心理学[M].长沙：湖南文艺出版社，2015.

[4]何龙，生存的智慧——鬼谷子的博弈心理学 [M].北京：北京理工大学出版社，2012.

[5]于鲲，人际博弈论[M].北京：中央编译出版社，2012.

[6]刘晓婷，一读就懂的博弈论[M].北京：中央编译出版社，2010 .

[7]丁跃龙，你一定要知道的博弈常识全集[M].北京：中央编译出版社，2010 .